マルチフィジックス計算による腐食現象の解析

著者：山本 正弘

推薦のことば

実験と解析は相互補完の関係にあります。現象の真実を理解するためには，適切な実験による現象の再現が不可欠です。しかし，すべての条件を網羅した実験は時間的にも経済的にも不可能です。そこで，数値解析が活用されます。ところが腐食現象は，電極反応，化学反応，拡散・泳動・流動による物質移動，電荷移動が連成する複雑な現象のため，実験屋である私にとって，その数値解析による再現は目もくらむ難しさです。

近年，汎用のマルチフィジックス解析ツールの登場によって，複雑な現象の数値解析が少し身近になったかな？　と一瞬錯覚いたしました。しかし，マルチフィジックス解析の例を垣間見て，「これは解っている人にしか解らない類いの，私などが手を出してはいけない世界だ」と，再びため息をついておりました。そこへ，本書が登場したわけです。

本書は，第１章にて腐食現象の基礎理論をわかりやすく講じるとともに，解析に必要な基礎式や物理定数などを与えています。この章と種々の主要な腐食モードを解説した第２章によって，腐食の初学者も腐食の基礎と要点が理解できます。第３章では，マルチフィジックス計算の手法的基礎を講じた後に，腐食現象を数値的に再現するために理解しておくべき事項を簡潔に解説しています。ここまでで，マルチフィジックス解析に挑戦する下準備はできたはずです。そして第４章では，カソード防食，メッキ，局部腐食（孔食とすきま腐食），高温水中での皮膜生成，流動と拡散律速と，幅広い現象のマルチフィジックス解析例が展開されています。

本書の著者は，実験による研究を主体としながらも，現象の数値解析に強い興味を持ち，長年にわたって工夫を重ねてきた腐食研究者です。したがって，実験屋，計算屋のどちらにとっても痒いところに手が届く内容となっています。総じて本書は，大学院生の教科書としてもお薦めできる内容です。

東北大学大学院工学研究科　教授
渡邉　豊

まえがき

金属の腐食は簡単に言うと錆びるという現象である。我々は日常，自転車の部品が錆びたり，台所の包丁やステンレス鋼製のシンクが赤く錆びたりすることをよく目にするが，そのことで起きる影響はそれほど大きくはない。しかし，腐食が起きる機器や設備の規模が大きくなるに従い，問題も大きくなる。多くの車が通る道路として使われている橋梁や，化学工場のタンクなどの腐食は，進行すると重大な事故につながることもあり，そんな事例がしばしば報道されることもある。これらの機器や設備に使われている材料の腐食現象を明らかにするためには，実験室で評価試験を行ったり，現場でいくつかのセンサーを用いた計測を行ったりする。それらの技術開発は過去より数多く実施されてきていて，今後も重要な手法であることは変わらない。

これに対して，近年の計算機処理技術の進歩に伴い，腐食現象を数値計算により解析していくことも徐々に応用されつつある。おそらく，今後の腐食の解析には，計算科学的手法（特にマルチフィジックス計算）を用いた解析がある程度の比率を占めてくるものと考えられる。筆者は鉄鋼材料の腐食に長年携わり，多くの腐食現象に遭遇し，計算科学的手法で解決することを行ってきた。ところが、計算的な手法ではなかなか現実問題までにはたどり着けないという感覚を持っていた。それがマルチフィジックス計算に触れた時にその可能性に強い希望を持てた気がして，現在もいろいろな課題に取り組んでいるところである。

本書は，腐食に関わる問題を抱えている研究者・技術者が，実験的な方法だけでは解決できない問題を最近注目されているマルチフィジックス計算で解決する方法をやさしく提示することを目的とする。そのために，これまで筆者がマルチフィジックス計算に関わってきて苦労した部分の中から典型的なものを例に挙げ，マルチフィジックス計算により腐食現象を解明するための方法論を説明する。

第１章では腐食現象解析に必要な基礎理論を説明する。ここでは腐食反応の解析の基礎となる方程式（基礎式）や計算に必要な物理定数などについて，できるだけ分かりやすく説明する。特に，電気化学の教科書には記載されていない数値計算を行う際に必要な考え方を説明する。また，解析に必要となる物理定数などは，ハンドブックや便覧などから読みだして表の形で示すことを心がけた。

第2章では，マルチフィジックス解析の対象となりそうな腐食現象を列挙してそれぞれ簡単に説明した。ここでは数値計算を目的に記載しているため，それぞれの腐食現象に対する対策や留意点など通常の腐食のテキストに記載されている内容にはあまり触れていない。その意味では腐食現象を詳細に知りたい方にとっては少しもの足りない内容になっている。

第3章では，マルチフィジックス計算で実施する計算内容の簡単な解説，ならびに腐食現象を解析するために必要な事項の説明を行った。この章で示した内容を実際の解析ソフトウェアを用いて実施することで，腐食問題のマルチフィジックス計算がより身近に感じてもらえると思う。

第4章では，現在研究されている最新の報告データ等を例として，具体的な腐食問題のマルチフジィックス計算例を示した。4.1節では筆者が過去に腐食の数値計算を試みた際の計算を現在のソフトウェアを用いて解析したものを示した。結果的には当時の解析と大きな違いはないものの，計算でしか得られない結果を図示できるという数値解析の最も良い特徴を示したデータであると自負している。それ以外にも，最近論文として報告された内容をいくつか取り上げており，マルチフィジックス計算を腐食問題の解析に用いるメリットが示されていると思われる。

なお，本書では定数などは可能な範囲でMKS単位系を用いて記載したが，腐食分野に特徴的な単位はそのまま用いていることもある。その場合はできる限り換算した値を併記して，マルチフィジックス計算に取り込みやすいように配慮した。また，数値計算（マルチフィジックス計算）に関しては，非常に基本的な計算手法を概念として理解できるように説明している。そのためマルチフィジックス計算そのものの説明はごく簡単なレベルに留め，市販のソフトウェアや計算科学の専門家が独自に構築したツールを使ってもらうことを前提としている。計算の前提となる溶液環境やモデル作成，計算に使用する基礎式やその組み合わせ，ならびに必要な物理定数などについてはできるだけ詳細に説明したが，計算ツールの使い方についてはほとんど触れていないので，それぞれのソフトウェアのマニュアル等を参考にして実際の計算を進めていただきたい。

本書を参考に，数値解析法を用いた腐食解析を実施しようと考える人が増えることを望んでいる。

2022 年 10 月

山本正弘

目次

第4章　腐食現象の解析

第1章

腐食現象の基礎となる理論

本章では，腐食現象の解析を行うために必要な基礎的な理論を解説する。腐食に精通していない人でもできるだけ簡便に理解できるように，詳細な数式の展開などは省いて，考え方そのものを理解いただけるよう心がけた。

そもそも腐食においてどのような反応が起きているのかを中心に，腐食反応を記述するのに必要な考え方を示した。特にマルチフィジックス計算で用いる反応式やその解析に必要なパラメータについて詳しく記載した。またそれらのパラメータの温度変化などについても表を用いて示した。なお，本章で説明した内容については電気化学関係のテキスト [1-8] の記述を採用しているので，詳しく知りたい方はそちらを眺めていただきたい。

1.1　腐食現象とは

腐食という言葉は，広義では材料の経年劣化を意味する。例えば，木製の建物が長年の風雨にさらされて強度が低下していくことにも使われるが，本書では，一般的に使われる金属を対象にした腐食のみを取り上げる。

金属の腐食は簡単にいうと錆びることで，見た目の色が変わる。金属光沢のある状態から，鉄は赤くなったり，銅は緑になったり，アルミニウムは白くなったりする。これは表面に錆が形成することにより起きる。錆は，金属材料が価数 0 の金属状態から，価数がプラスに上がり多くは酸素と結びついた酸化物に変化することにより生成する。

酸素は空気中に 20 %も含まれているが，実は空気中の酸素と金属との反応は常温では非常に遅い。たとえば鉄を研磨して生じる金属光沢は，そのまま空気中に保管しておくと数日間は残り続ける。ところが研磨した鉄片を海水に漬けると，数時間で表面に赤茶けた錆が生成して錆び汁が流れる様子が見られ，気体と液体とで反応速度が大きく異なることが分かる。我々が問題とする腐食現象の多くは水溶液と金属との反応であるので，本書で取り扱う腐食も水溶液中での腐食が中心となる。

水溶液中での腐食反応は，電気化学反応により進行する。そのため，腐食問題をマルチフィジックス計算により解析する際には，電気化学反応の条件を考慮して進めていく必要がある。そこで，電気化学的な基礎式による取り扱いが必須である。次節から，電気化学反応を中心とした腐食現象の基礎理論を解説してゆく。

1.2　化学反応と電気化学反応

我々に身近な腐食として，鉄が錆びるということがある。これは金属の鉄 (Fe) が空気中の酸素 (O_2) により錆（酸化鉄；Fe_2O_3）に変わることであり，化学式で書くと，

$$2Fe + \frac{3}{2}O_2 \rightarrow Fe_2O_3 \tag{1.1}$$

となる。

化学反応はこのように化学式で表現できる。しかし，実際の腐食では式(1.1)で示す鉄と酸素が直接関与する反応はほとんど起きていない。腐食は水(H_2O)を媒介とした電気化学反応で進むからである。化学反応と電気化学反応の違いは，電子のやり取りを伴うか，そうでないかにある。そこで，身近な例で両者を比較する。

化石燃料の使用を減らすことは，地球温暖化の対策の一つとして最近の重要な課題である。特に自動車はガソリンや軽油を燃やして二酸化炭素を放出しているため，クリーンなエンジンとして，水素ガスの利用技術開発が進められている。現在，自動車メーカーでは，水素ガスを空気中の酸素と反応させて水を合成することによりエネルギーを取り出して車を走らせる方法について，図1.1に示す2つの装置の実用化を進めている。一つは水素エンジン（ここではロータリーエンジンのイメージを示す）であり，水素を燃料として空気と反応（燃焼）させるものである。もう一つは燃料電池である。

水素エンジンでは，水素ガスを燃料として空気を取り込み，空気中の酸素と水素を燃焼（直接反応）させ，これにより生成される高温ガスの圧力を回転運動に変換して走行する。これは化学反応であり，推進するためのエネルギーは反応で生じた熱である。

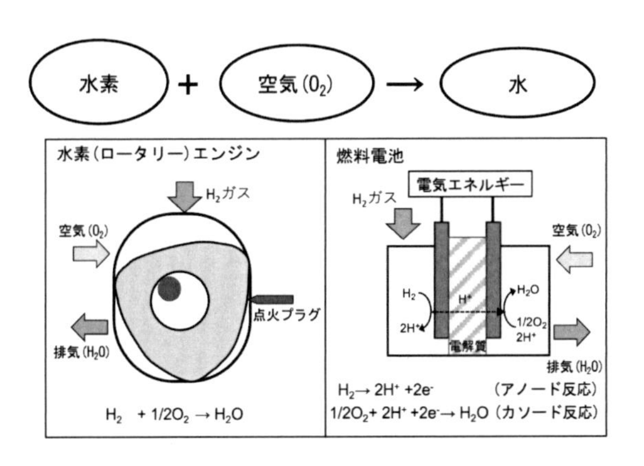

図1.1　水素エンジンと燃料電池

一方，燃料電池は水素ガスを燃料とし，大気から酸素を取り入れる仕組みになっている。2 つの電極を用意して水素ガスを電解質に溶け込ませ，片方の電極で式 (1.2) に示す水素ガスから水素イオン (H^+) に変えて電子 (e^-) を取り出す反応，もう一つの電極で式 (1.3) に示す酸素，水素イオン、そして電子から水を生成する反応を起こさせる。2 つの電極の間には水素イオンを通しやすい材料を挟んで水素イオンの移動が起きやすいように工夫している。この 2 つの反応が同時に進むことにより 2 つの電極間に電子の移動が起きて，電流が取り出せる。燃料電池車はこの電流を使ってモーターを駆動して推進する。水素ガスと酸素を燃料として運転中に車から排出されるのは水 (H_2O) だけなので，クリーンカーとして普及が期待されている[1]。

$$H_2 \rightarrow 2H^+ + 2e^- \tag{1.2}$$

$$\frac{1}{2}O_2 + 2H^+ + 2e^- \rightarrow H_2O \tag{1.3}$$

式 (1.2) と (1.3) の反応は，反応式の中で電子のやり取りを行っているので，電気化学反応と呼ぶ。化学反応と異なり，電気化学反応には電子のやり取りを行う相手の化学種（イオン）が関与する。イオンは原子や分子の状態から電荷が変化した化学種[2]で，変化した電荷に従って添え字に＋や－をつける。H^+ イオンは水素原子から電子が 1 個なくなった状態で，このようにプラスの電荷をもつイオンをカチオン (Cation) と呼ぶ。一方，後で出てくる OH^- イオンや Cl^- イオンなどはマイナスの電荷をもつイオンで，アニオン (Anion) と呼ぶ。例えば鉄イオン (Fe^{2+}) は電子が 2 個欠乏したカチオン，硫酸イオン (SO_4^{2-}) は電子が 2 個余剰になったアニオンである。

また，式 (1.2) のように電子を放出する側の反応をアノード反応，逆に式 (1.3) のように電子を受け取る反応をカソード反応と呼ぶ[3]。2 つの反応

1　水素エンジンでは空気の燃焼で窒素酸化物が生成するため，除去が必要である。

2　化学種は元素だけではなく，イオンや酸化物（化合物）など考慮する反応に関与する全ての成分を示す。

3　IUPAC では，正電荷が電極から溶液に向かって移動する電極をアノード，溶液側から電極側に移動していく電極をカソードと規定している [5]。

を足し合わせると式 (1.4) になり，これは水素エンジンで起きている水素と酸素の燃焼反応と同じものである。

$$H_2 + \frac{1}{2}O_2 \rightarrow H_2O \tag{1.4}$$

水素エンジンも燃料電池も水素と酸素を原料として水を生成する反応を利用しているのだが，熱エネルギーと電気エネルギーのどちらを利用するかという点が大きく異なる。また燃料電池では，2 つの電極間の電解質外部では電子が，電解質の内部ではイオン（ここでは H^+ イオン）が移動することにより，全体で回路を形成している。電子は，電極をつなぐ電線に導電率の高い銅線等を使うことでほとんど抵抗なく流れるが，電解質溶液中ではイオンの移動で電気が流れるため，移動可能なイオンの量が電気の流れやすさを決める。この電気の流れやすさの指標を導電率 (σ) と呼び，電流の流れは電解質の導電率[4]に大きく影響される。

1.3　腐食反応

我々の身近にある鉄は茶色く錆びてしまう。また，亜鉛は表面に白い錆がついてしまう。これらも腐食であり，腐食反応は金属が水溶液へ溶解することによって起こる。ここでは，硫酸 (H_2SO_4) 水溶液に鉄を浸漬した場合を考える。

図 1.2 に，鉄が硫酸水溶液中で腐食する場合を 2 つの例で示す。a) は Pt と Fe 電極を電線でつなぎ両者を硫酸水溶液に浸漬した場合で，b) は Fe を単独で硫酸水溶液に浸漬した場合である。

4　導電率 (Conductivity) は単位長さ当たりの電気の流れやすさであり，単位は (S/m, S=1/Ω) である。抵抗率 (Ω・m) の逆数なので，大きいほど電気が流れやすくなる (S の読み方はジーメンスである)。

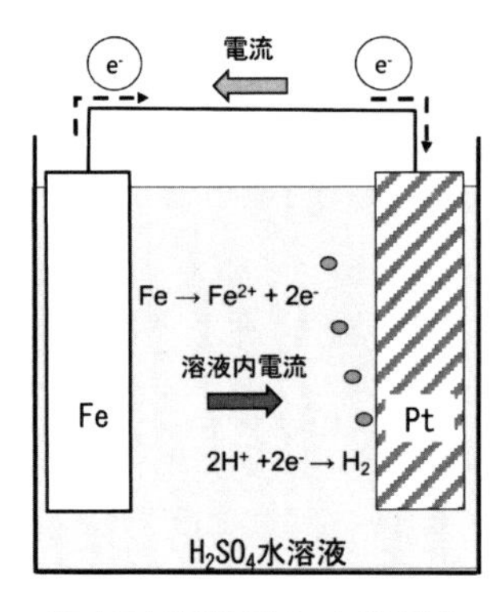

a) PtとFe電極を電線でつなぎ両者を硫酸水溶液に浸漬

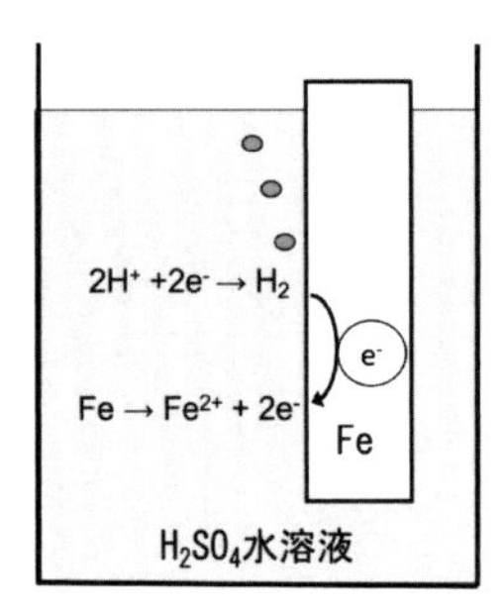

b) Feを単独で硫酸水溶液に浸漬

図 1.2　硫酸水溶液中での Fe の腐食

まず，a) の場合について考える。Pt は硫酸水溶液中では溶けないが，表面で水素ガス (H_2) の発生が起こりやすい。また，Fe 電極では Fe の溶解が起きる。この反応は，式 (1.5) と (1.6) で表される。

$$2H^+ + 2e^- \rightarrow H_2 \tag{1.5}$$

$$Fe \rightarrow Fe^{2+} + 2e^- \tag{1.6}$$

ここで，式 (1.5) は式 (1.2) を逆向きに変えたものである。この反応は平衡反応であるため，対となる反応によって向きが変わる。そのため，式 (1.2) はアノード反応だが，式 (1.5) はカソード反応になる。

一方，式 (1.6) に示す Fe が溶解する反応はアノード反応である。この場合には，電子は外部の電線を伝わって Fe から Pt 電極に流れるが，電子の流れと電流は逆になるので，電線中の電流は Pt から Fe に流れることになる。なお，電流は高い方から低い方へ流れると決められているので，電極の電位は Pt 電極（カソード極）が高く，Fe 電極（アノード極）が低いものと設定している[5]。

ところで，図 1.2a) を見ればわかるが，回路を形成するため電線を通し

5　電極電位の符号のつけ方を逆符号に設定していた時代もあったが，現在は IUPAC でこの表記に統一されている。

て流れる電流と溶液内を流れる電流とを合わせて全体で一つの電流の流れになる。そのため，溶液内の電流は Fe から Pt に流れることになる。つまり溶液中の電流はアノード極からカソード極に流れ，電極の電位の高低と逆になる。ただし，数値解析における計算では電流が高い側から低い側に流れることが必須であるため，電極の電位とポラリティ（正負）を逆にする必要がある。つまり，腐食に関する数値計算を行う場合には，**溶液電位は電極電位の正負を逆に設定する**と考えると分かりやすい。

図 1.2 の b) は，硫酸の溶液の中に Fe 金属が単独で浸漬された状態で，a) と異なり，Fe 電極上で式 (1.5) と式 (1.6) の反応が同時に起きている。これらの反応は同じ場所で同時に起きることはないので，b) では電極表面上の異なる場所で反応が起きていると考えられる。a) では，2 つの電極で異なる電気化学反応が起き，異なる電位で外部電流が流れている。一方 b) では，2 つの電気化学反応が 1 つの電極上で起き，電極の電位は 2 つの反応が示す中間的な電位で起きていると考えられるため，混成電位[6](Mixed Electrode Potential) による電極反応と呼ばれる。

混成電位による電極反応の電流は外部から測定することはできず，一つの電極の内部を流れているとして内部電流と呼ぶ。しかし，電極表面では水素ガスの発生が認められ，Fe が溶けていくことも確認できる。たとえば，水素ガスの発生量を正確に測定することで、内部電流に相当する量をおおよそ推定することは可能である。ただしあくまでも内部電流の推定量であり、実際の値と一致するかは不明確である。ところが，数値計算では，実際には測定不可能な内部電流値が比較的簡単に精度よく推定できる。この点は数値計算の大きな魅力である。

a) のケースは，電池が形成されて腐食することから，後述するマクロセル腐食の例である。一方 b) のケースは，鉄を塩水に浸けた場合などに起きる一般的な腐食現象である。アノード反応とカソード反応が電極の全面で平均的に起きる場合もあるが，どちらかの反応が局所的に起きる場合もある。詳細は第 2 章で述べる。

6　実際の腐食現象ではほとんどが混成電位になっている。ただし，それぞれの電極反応の量や位置に関する情報を得ることは非常に難しい。

1.4　化学反応の平衡

化学反応や電気化学反応における反応の進行を考えるには，熱力学[7]を用いることが有効である。熱力学では反応の推進力を表す指標としてGibbs の自由エネルギー (G) を用いる。反応式 (1.5) および (1.6) に示した Fe, Fe^{2+}, H_2, H^+ などは，それぞれ固有の G を持っている。反応により物質が変化することは，この G が変化することであると捉え，その変化量 ($\varDelta G$) を考える。

G は圧力，温度なども含めた関数であり，反応による物質の状態変化は $\varDelta G$ が減少していく方向に進むと考える。また，G はそれぞれの化学種 (i) の関数でもある。ある化学種の量が系の中で変化した場合，G の変化が起きる。この化学種の量の変化に伴う G の微小変化量は化学種 i の化学ポテンシャル (Chemical Potential; μ_i) と定義され，式 (1.7) として表される。この偏微分式は，T（温度），P（圧力），並びに i 以外の化学種の量は変化しないと考えた場合の化学種 i の量変化に伴う系の自由エネルギーの変化量を意味する。

$$\mu_i = \left(\frac{\partial G}{\partial N_i}\right)_{T,P,N_{j \neq i}} \tag{1.7}$$

さらに，化学ポテンシャル (μ_i) は化学種 i の量と活量 (a_i) を用いて式 (1.8) として表される。

$$\mu_i = \mu_i^0 + RT \ln a_i \tag{1.8}$$

ここで，R は気体定数，T は絶対温度 (K；ケルビン)，μ_i^0 は標準状態[8]における化学種 i の化学ポテンシャルである。また，活量 (a_i) は溶液に溶けている化学種の場合，i のモル濃度 (N_i) と活量係数 (γ_i) を用いて式 (1.9) として表される。活量係数については後述するが，化学種 i の濃度が比較的低いときは 1.0 として差し支えない。

$$a_i = \gamma_i \times N_i \tag{1.9}$$

7　詳しくは熱力学のテキストを参照のこと。

8　電気化学では標準状態を 1 atm，25 ℃とすることが多い。

式 (1.5) で示した次の化学反応を考える。

$$2H_2 + O_2 \rightleftharpoons 2H_2O \tag{1.10}$$

この反応が平衡状態にあるとした場合，系全体の自由エネルギー変化は等温・等圧条件下で $\Delta G=0$ になる。ΔG は化学ポテンシャルを用いて，以下のように示される。

$$\Delta G = \sum_{\text{prod}} \nu_{\text{prod}} \mu_{\text{prod}} - \sum_{\text{react}} \nu_{\text{react}} \mu_{\text{react}} \tag{1.11}$$

ここで，添え字 prod は生成系すなわち反応式の右辺，react は反応系すなわち反応式の左辺を表す。さらに，式 (1.11) に式 (1.8) で示した化学ポテンシャルの関係を代入すると，以下のとおりとなる。

$$\Delta G = 2\left(\mu^0_{H_2O} + RT \ln a_{H_2O}\right) - \left\{2\left(\mu^0_{H_2} + RT \ln a_{H_2}\right) + \mu^0_{O_2} + RT \ln a_{O_2}\right\} \tag{1.12}$$

$$\Delta G = \left(2\mu^0_{H_2O} - 2\mu^0_{H_2} - \mu^0_{O_2}\right) + RT\left\{2\ln a_{H_2O} - 2\ln a_{H_2} - \ln a_{O_2}\right\} \tag{1.13}$$

式 (1.13) の第 1 項，第 2 項はそれぞれ，

$$\left(2\mu^0_{H_2O} - 2\mu^0_{H_2} - \mu^0_{O_2}\right) = \Delta G^0 \tag{1.14}$$

$$RT\left\{2\ln a_{H_2O} - 2\ln a_{H_2} - \ln a_{O_2}\right\} = RT \ln\left(\frac{a^2_{H_2O}}{a^2_{H_2} \cdot a_{O_2}}\right) \tag{1.15}$$

となり，平衡状態では自由エネルギー変化がないと考えるので，式 (1.13) に式 (1.14) と式 (1.15) を代入し，$\Delta G=0$ とすると，式 (1.16) となる。

$$\Delta G^0 = -RT \ln\left(\frac{a^2_{H_2O}}{a^2_{H_2} \cdot a_{O_2}}\right) \tag{1.16}$$

この右辺のカッコ内を平衡定数 (K) と定義すると，平衡定数 K は標準

自由エネルギー変化 (ΔG^0) で示され，式 (1.17) の関係となる。

$$\Delta G^0 = RT\ln K \tag{1.17}$$

化学反応式も式 (1.18) のように一般化して記載すると，平衡定数 K は式 (1.19) のように表される。

$$b\mathrm{B} + c\mathrm{C} \rightleftharpoons d\mathrm{D} + e\mathrm{E} \tag{1.18}$$

$$K = \frac{\left(a_{\mathrm{D}}^{d} \cdot a_{\mathrm{E}}^{e}\right)}{\left(a_{\mathrm{B}}^{b} \cdot a_{\mathrm{C}}^{c}\right)} \tag{1.19}$$

ΔG^0 は各種熱力学データベースに載っているので，その数値を使えば，平衡定数 K を計算できる。

1.5　化学反応の反応速度

ここで，再度式 (1.10) の H_2O と H_2，O_2 の反応を考えてみる。平衡状態では，それぞれの化学種の濃度が平衡定数で定まる濃度比になる。この時に仮想的に H_2 と O_2 がガスとして系外に出ていくとしたら，これらのガス濃度は平衡状態になるほどは高まらないので，式 (1.20) の矢印が示すように反応が右方向に進み続けることになる。

$$\mathrm{H_2O} \rightarrow \mathrm{H_2} + \frac{1}{2}\mathrm{O_2} \tag{1.20}$$

この時 H_2O の濃度を c とすると，c はある速さで減少していく。その減少速度がこの反応の反応速度となる。式 (1.21) で示すように化学物質が分解していく速度はそれ自身の濃度に比例するので，

$$\frac{dc}{dt} = -k \cdot c \tag{1.21}$$

で示される。ここで k は式 (1.20) の反応速度定数で，単位は (1/s) になる。また，c の変化量がその濃度 c の1次に比例するので，1次反応である。濃度の2乗もしくは2種類の化学種の濃度に比例する場合には，2次

の反応速度定数になる。この反応式の場合は反応が一方向にしか進まないので，非可逆反応という。

先に示した平衡反応は両方向に進む反応なので，可逆反応と言われる。非可逆反応は反応生成物が系外に逃げていく場合や，反応物がラジカルや光により励起された物質などの場合に起こり，一般的に検討される化学反応は可逆反応と考えることができる。

平衡反応が可逆反応であることから，式 (1.18) で示した化学反応式は式 (1.22) のように右側に進む反応と，式 (1.23) のように左側に進む反応に分けて書くことができる。

$$bB + cC \underset{k_f}{\longrightarrow} dD + eE \tag{1.22}$$

$$bB + cC \underset{k_r}{\longleftarrow} dD + eE \tag{1.23}$$

それぞれの反応速度定数を k_f と k_r で示した。式 (1.22) における反応速度は bB の減少量で，それは化学量論的 cC の減少量と等しく，反応種の濃度と速度定数とで式 (1.24) のように書ける。

$$-\frac{d\,(bB)}{dt} = -\frac{d\,(cC)}{dt} = k_f\,[B]^b \cdot [C]^c \tag{1.24}$$

同様に，

$$-\frac{d\,(dD)}{dt} = -\frac{d\,(eE)}{dt} = k_r\,[D]^d \cdot [E]^e \tag{1.25}$$

とも書ける。ここで，平衡状態ではそれぞれの反応速度が等しいので，式 (1.24) と式 (1.25) の右辺が等しく，さらに式 (1.19) の活量が濃度と等しいとおけば，式 (1.26) になる。

$$K = \frac{k_f}{k_r} \tag{1.26}$$

ここで，k_f と k_r についてもう少し考えてみる。式 (1.22) の左辺を反応系，右辺を生成系と名付け，反応系から生成系に進む道筋を反応経路とする。それぞれの Gibbs の自由エネルギーを縦軸にとってグラフに示すと，図 1.3 のようなイメージが描ける。

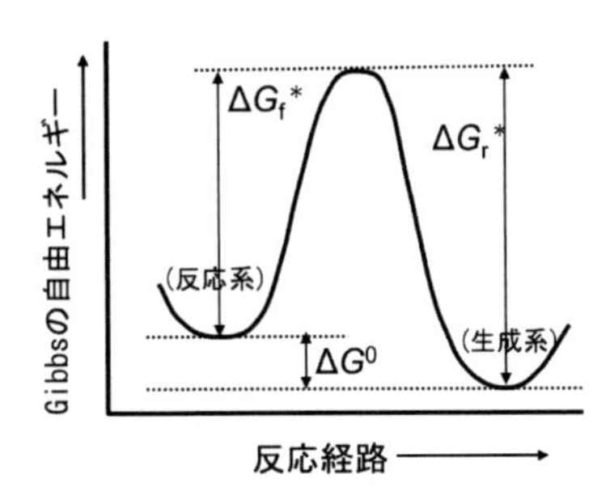

図 1.3　化学反応における自由エネルギー変化

ここでは，反応系の自由エネルギーのほうが高く示されている。反応による自由エネルギー変化 (ΔG^0) は，化学平衡で示した自由エネルギー変化である。この化学反応は自然と進む訳ではなく，少し高いエネルギーの山を越えることにより起きる。それが図 1.3 の中間にある高い山で，この山を越えるためにはある大きさのエネルギーが必要であり，その値を活性化エネルギー (ΔG_f^*) と呼ぶ。

反応系に存在する全ての分子中で活性化エネルギーを越えることができるのは，ある比率で存在するエネルギーの高い分子である。と考えると，反応速度定数 (k_f) は式 (1.27) で示される。ここで，R は気体定数，T は絶対温度 (K；ケルビン) であり，A は頻度因子と呼ばれる反応の起きやすさを示すパラメータである。また，k_r も式 (1.27) のように記述できる。

$$k_f = Ae^{-\Delta G_f^*/RT} \tag{1.27}$$

平衡状態では k_f と k_r の比が一定になるので，最終的には平衡定数 K で決められるそれぞれの化学種の濃度比に落ち着くことになるのだが，それがいつになるかについては平衡関係からは読み取れない。たとえば金属の鉄と酸素と錆（酸化鉄）の反応を考えると，平衡定数においては極端に酸化鉄の比率が大きいので，我々は錆びていない鉄をめったに目にすることはできないはずだが，実際にはそんなことはない。これは鉄が酸化する反応速度 k_f をかなり小さい形で維持する方法（防食法）を駆使して，酸化反応速度を遅くしているためである。

このように，自由エネルギー変化 (ΔG^0) は反応系の化学種と生成系の化学種の濃度と温度で決まるが，活性化エネルギーは条件によって変化し，かつ直接計算で求められない。実験によって求めた数字が報告されている場合もあるが，それらのデータがない場合には，平衡定数 K を ΔG^0 から計算して，反応系の化学種の濃度変化から推定することになる。

1.6　電気化学反応の平衡

電気化学反応も，化学反応と同様に自由エネルギー変化 (ΔG) で捉えることができる。ここで，式 (1.5)，式 (1.6) で示した水素発生と Fe の溶解反応を再度示す。ただしここでは，この反応を平衡反応として，式 (1.28)，式 (1.29) で示す。

$$2H^+ + 2e^- \rightleftharpoons H_2 \tag{1.28}$$

$$Fe \rightleftharpoons Fe^{2+} + 2e^- \tag{1.29}$$

式 (1.28) は，水素イオンから水素ガスが発生するカソード（還元）反応，式 (1.29) は Fe が溶解して Fe^{2+} イオンになるアノード（酸化）反応である。ここで 2 つの反応が起きる電極をつないだ時に，H_2 ガスが 1 mol，Fe が 1 mol 溶解したとすると，2 mol 相当の電子が Fe 電極から対極に流れることになる。1 mol 相当の電子が移動することによる電荷量はファラデー定数 (F) で示される。また，1 mol 相当の電子の数はアボガドロ数（6.02×10^{23} 個）であり，電子 1 個の電荷は (1.60×10^{-19} C) であるので，F は式 (1.30) で示される。

$$F = 6.02 \times 10^{23}\,(\text{個}/\text{mol}) \times 1.60 \times 10^{-19}\,(\text{C})\,/\,\text{電子}$$
$$\fallingdotseq 96500\,(\text{C/mol}) \tag{1.30}$$

電気が流れることによる仕事はワット（W=[電流]×[電圧]）で示されるが，総エネルギーとして考えると時間で積分する形になるので，式 (1.28)，式 (1.29) の反応により生成されるエネルギーは，2 極間の電位差を E(V) とすると，zFE となる。ここで，z は反応にかかわる電子数で，上記反応の場合は 2 である。熱力学では電気エネルギーと化学エネルギーが相互に変換できると考えるので，上記反応の自由エネルギー変化は以下のように示される。

$$\Delta G = -zFE, \quad E = -\frac{\Delta G}{zF} \tag{1.31}$$

ところで，式 (1.27) を式 (1.11) の関係に従って ΔG に代入すると，

$$E = -\frac{\Delta G^0}{2F} + \frac{RT}{2F} \ln\left(\frac{a_{H_2}}{a_{H^+}^2}\right) \tag{1.32}$$

となる。ここで $(-\Delta G^0/2F)$ はそれぞれの電極反応が平衡状態にあるときの電極電位を示すので，平衡電位 (E^0) と置きなおすと式 (1.33) になる。

$$E = E^0 + \frac{RT}{zF} \ln\left(\frac{a_{Ox}}{a_{Red}}\right) \tag{1.33}$$

この場合の記載は，還元体の活量 (a_{Red}) を分母，酸化体の活量 (a_{Ox}) を分子にすると定められている。また，電極電位の絶対値は測定できないため，式 (1.28) で示した水素の酸化還元平衡反応で，水素ガスと水素イオンの活量がそれぞれ 1.0 の場合の E^0 を 0 とし，この基準で決めた電位を標準水素電極基準電位 (V vs. SHE) とすることが定められている。

式 (1.33) は Nernst の可逆電位式（Nernst の式）と呼ばれ，電気化学反応では重要な関係式である。また，酸化体がイオンで濃度が低く活量係数が 1.0 であり，還元体が金属で活量が 1.0 である場合には，イオンの濃度を (c_i) として，式 (1.34) として表記されることも多い。

$$E = E^0 + \frac{RT}{zF} \ln(c_i) \tag{1.34}$$

腐食問題の解析では，式 (1.33) の Nernst の式で酸化還元反応の平衡電位を求めることが多い。代表的な金属についてまとめた値を表 1.1 に示す。Fe の平衡電位に比べ，Cu や Ag などは平衡電位が高い。また，ここでは示していないが，Pt や Au はより高い値を示す。これらの金属は貴金属 (Noble Metal) と呼ばれる。平衡電位が高いために腐食することがない貴重な金属という意味である。同様に，電位が高いことを貴 (Noble)，電位が低いことを卑 (less noble or basic) とも呼ぶ。ただし，本書では，できるだけこれらの用語を使わずに電位が高い，低いとして表現する。

表 1.1 代表的な電気化学反応の平衡電位 (E^0) の値 (25 ℃) ([8] より抜粋)

電極反応	E^0 (V vs. SHE)
$Mg^{2+} + 2e^- \rightarrow Mg$	− 2.363
$Al^{3+} + 3e^- \rightarrow Al$	− 1.662
$Zn^{2+} + 2e^- \rightarrow Zn$	− 0.7628
$Cr^{3+} + 3e^- \rightarrow Cr$	− 0.744
$Fe^{2+} + 2e^- \rightarrow Fe$	− 0.440
$Ni^{2+} + 2e^- \rightarrow Ni$	− 0.250
$Pb^{2+} + 2e^- \rightarrow Pb$	− 0.126
$2H^+ + 2e^- \rightarrow H_2$	0.000
$Sn^{4+} + 2e^- \rightarrow Sn^{2+}$	0.15
$Cu^{2+} + 2e^- \rightarrow Cu^+$	0.153
$AgCl + e^- \rightarrow Ag + Cl^-$	0.222
$Hg_2Cl_2 + 2e^- \rightarrow 2Hg + 2Cl^-$	0.267
$Cu^{2+} + 2e^- \rightarrow Cu$	0.337
$Fe^{3+} + e^- \rightarrow Fe^{2+}$	0.771
$Ag^+ + e^- \rightarrow Ag$	0.799
$Hg^{2+} + 2e^- \rightarrow Hg$	0.987
$O_2 + 4H^+ + 4e^- \rightarrow 2H_2O$	1.229

ところで，実際に溶液中の電極電位を水素電極で実測することは難しいので，通常は市販されている電極，例えば，飽和カロメル電極 (SCE: Saturated Calomel Electrode) や飽和銀-塩化銀電極 (SSE: Saturated Silver-silver chloride Electrode) 等を用いる。カロメル電極は Hg_2Cl_2 を，銀-塩化銀電極は AgCl をそれぞれ電極材料に用いており，それらの電極反応の平衡電位 (E^0) は，表 1.1 ではそれぞれ 0.267 と 0.222 V vs. SHE と示されている。これらの電極では内部溶液として KCl の飽和溶液[9]を用いているため活量が変わり，実際には 0.241 V と 0.197 V である。よく使われている市販の参照電極について，内部溶液の濃度の違いも含めた電極電位を V vs. SHE に換算した値で表 1.2 に示す。

9　電極の内部溶液を飽和溶液とするのは，電極を長期使用した際の内部溶液濃度を一定に維持するためである。飽和溶液は，電極内部の結晶を確認すれば溶液が飽和状態であることがわかる。

表 1.2　市販されている参照電極の電位 (25 ℃)

参照電極	電極電位 (V vs. SHE)
飽和カロメル電極	0.245
カロメル電極 (1N-KCl)	0.280
飽和銀塩化銀電極	0.196
銀塩化銀電極 (1N-KCl)	0.234
硫酸銅電極 ($CuSO_4$ 飽和)	0.316

1.7　電気化学反応の反応速度

ここでは，電気化学反応の反応速度について，前節の式 (1.29) で示した Fe の溶解反応を例にして説明する。

電子が発生するか使用されるかで考えると，アノード反応は金属の Fe が Fe^{2+} イオンになって溶け出し電子が発生する反応，カソード反応は溶液中の Fe^{2+} イオンが電子を使用することで Fe に還元される反応である。反応が平衡状態であるとしたら電極電位は平衡電位 (E^0) になっているので，電極表面ではアノード反応とカソード反応の量が等しくなり，見かけ上この電極から外部へ電流の流れはなくなる。しかしながら，その状態でもアノード反応とカソード反応は同じ量だけ進行している。この反応量に相当する電流密度値を (i_0) とし，交換電流密度と呼ぶ。

一方，電極の電位が平衡電位からずれた状態では，アノード反応量とカソード反応量が異なり，その差分量が電流として外部に流れる。その値を (i) とし，外部電位と平衡電位のずれを過電圧 ($\eta = E - E_0$) とすると，電流値 (i) は η と (i_0) の関数として表される。

ここで金属の酸化反応を式 (1.35) と表して，1.4 節で示した化学反応と同様に考える。

$$\mathrm{M} \rightleftharpoons \mathrm{M}^{z+} + z\mathrm{e}^- \tag{1.35}$$

このときのポテンシャルエネルギーの変化を図 1.4 に示す。

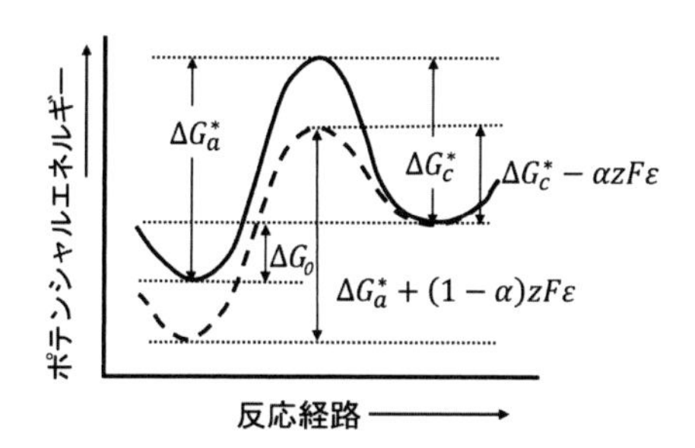

図 1.4　分極を与えた場合のポテンシャルエネルギーの変化

図 1.4 の実線で示す平衡状態においては，アノード反応の活性化エネルギーは $\Delta G_{\mathrm{a}}^{*}$，カソード反応の活性化エネルギーは $\Delta G_{\mathrm{c}}^{*}$ である。反応の自由エネルギー変化は ΔG_0 であり，$\Delta G_{\mathrm{a}}^{*}$ と $\Delta G_{\mathrm{c}}^{*}$ の差である。平衡状態では左右の反応が同量だけ起きているので，アノード電流 (i_{a}) とカソード電流 (i_{c}) が同量流れていると考え，カソード電流も正の値として式 (1.36) に示される。

$$i = i_{\mathrm{a}} - i_{\mathrm{c}} = zF\left[k_{\mathrm{c}}C_{\mathrm{ox}}\exp\left(\frac{-\Delta G_{\mathrm{c}}^{*}}{RT}\right) - k_{\mathrm{a}}C_{\mathrm{red}}\exp\left(\frac{-\Delta G_{\mathrm{a}}^{*}}{RT}\right)\right] \tag{1.36}$$

ここで，k_{a} および k_{c} はそれぞれアノード反応およびカソード反応の頻度因子，C_{ox}，C_{red} は酸化体，還元体の濃度である。この状態から分極を行うとポテンシャルエネルギーが変化する。図 1.4 の点線は，内部電位が ε だけ変化した状態を示している。

活性化エネルギーは式 (1.37) のように変化する。ここで $\alpha(0<\alpha<1)$ は透過係数と呼ばれ，図 1.4 で示した中央の山（活性帯のピーク）の位置で決まる係数である。ピーク位置が反応経路の中央にある場合の透過係数は 0.5 である。

$$\Delta G_{\mathrm{c}}^{*} = \Delta G_{\mathrm{c}}^{*} - \alpha zF\varepsilon, \Delta G_{\mathrm{a}}^{*} = \Delta G_{\mathrm{a}}^{*} + (1-\alpha)F\varepsilon \tag{1.37}$$

この値と ε を過電圧 η に変換し，平衡時のアノード，カソード電流に i_0 を導入すると，式 (1.38) が得られる。

$$i = i_0 \left[\exp\left\{ \frac{-\alpha zF\eta}{RT} \right\} - \exp\left\{ \frac{(1-\alpha)zF\eta}{RT} \right\} \right] \tag{1.38}$$

この式はバトラーボルマー (Butler-Volmer) の式とよばれ，一般的な電極反応に適用される関係である [9, 10]。

Fe 上の水素還元電流について，Stern は pH の影響などを詳しく調べ，i_0 は pH の影響をほとんど受けず，1.0×10^{-3} A/m^2 程度と報告している [11]。

この反応の E^0 は 0 V vs. SHE であるから，それらの値を入れてバトラーボルマー (B-V) の式 (1.38) をグラフに表示したものを図 1.5 に示す。図 1.5a) は過電圧 (η) を横軸にとり電流密度を縦軸にプロットしたもの，図 1.5b) は縦軸の電流密度の絶対値 ($|\ i\ |$) を対数としてプロットした結果である。図 1.5a) のグラフより，平衡電位の近傍で電流値の正負が変わり，その領域は比較的直線的であることが分かる。これに対して図 1.5b) のグラフでは，平衡電位から離れた領域で，電位と電流密度の対数が直線的であることが分かる。

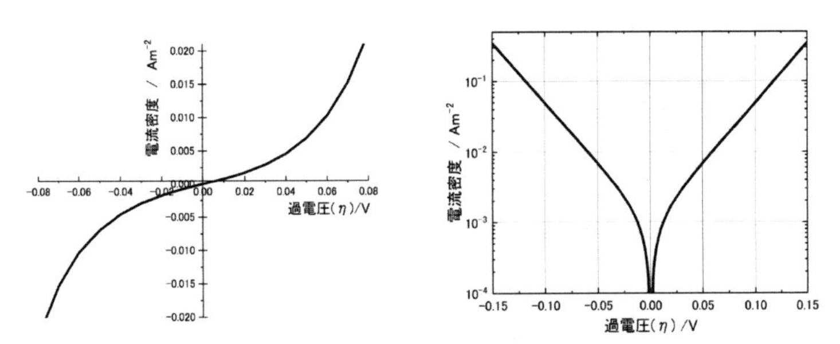

a) 過電圧(η)を横軸、電流密度を縦軸にプロット　b) 縦軸の電流密度の絶対値を対数としてプロット

図 1.5　B-V 式のグラフ表示

図 1.5b) の形式で示すグラフ，すなわち横軸を電極電位，縦軸を電流値の絶対値の対数としてプロットしたグラフを分極曲線 (polarization curve) という。図中の直線部分の過電圧 (η) と電流密度 (i) は式 (1.39) の関係で示される。

$$\eta = a + b \log_{10}(i) \tag{1.39}$$

この式はターフェル (Tafel) の式と呼ばれ，分極曲線を表す式としてよく用いられるものである。

ここで，前節で用いた電気化学反応式 (1.28), (1.29) をもう一度考える。

$$2H^+ + 2e^- \rightleftharpoons H_2 \tag{1.28}$$

$$Fe \rightleftharpoons Fe^{2+} + 2e^- \tag{1.29}$$

それぞれの式を図 1.5b) の形式で重ね合わせて図示したものが図 1.6 である。式 (1.28) の反応では，Pt 電極表面で水素が発生するアノード反応と，水素ガスが水素イオンに還元されるカソード反応が起きている。この反応の平衡電位 E^0 は 0 V vs. SHE なので，図 1.6 中の一点鎖線で示した電位・電流の関係となる。

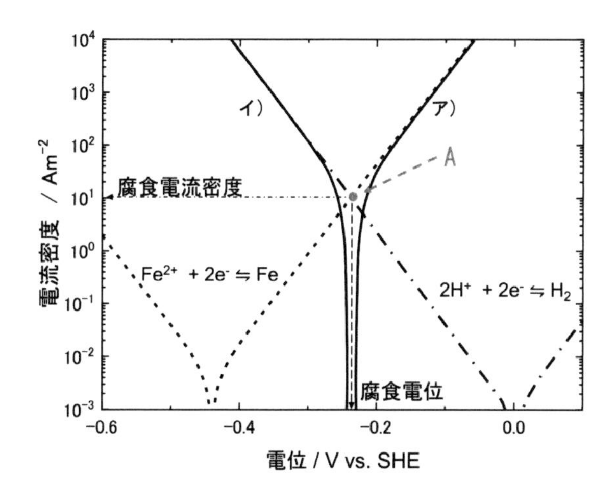

図 1.6　腐食反応の分極曲線

Fe 電極では，反応 (1.29) で示される Fe が Fe^{2+} として溶解するアノード反応と，Fe^{2+} が Fe の還元されるカソード反応が起きている。この反応の平衡電位 E^0 は − 0.44 V vs. SHE であり，i_0 は 3.9×10^{-2} A/m^2[12] とし，この分極曲線を図 1.6 中の破線で示す。一点鎖線と破線は，点 A で交点を持つ新たな分極曲線になる。なお，実測値である実線は分極曲線，実際には測定できない一点鎖線や破線は内部分極曲線と呼ばれる。点Aの電位は腐食電位，電流密度は腐食電流密度と呼ばれる。図1.6の場合では，腐食電位が－0.24 V vs. SHE，腐食電流密度が0.1 A/m^2となる。

ところで，図1.6は腐食反応式(1.28)と(1.29)の電気化学反応の原理を示す図であり，破線や一点鎖線は実測することはできない。この腐食反応をポテンショスタットと呼ばれる装置を用いて実際に測定すると，図1.6の実線で示した関係となる。

ここでア）の線は破線の値から一点鎖線の値を差し引いた値，イ）の線は符号がマイナスであり一点鎖線の値から点線の値を差し引いた値である。しかしながら図で示しているように縦軸はログ表示で，差し引く値は非常に小さな値であるため，通常は無視できる。

マルチフィジックス計算では，実測した分極曲線を利用することで，アノード反応速度とカソード反応速度を計算モデル上に定義し，それらを実際の計算に利用することができる。

1.8　電解質溶液

電気化学反応が進行するためには，溶液中を電気が流れる必要がある。電気が流れるとは言っても溶液中を電子が移動する訳ではなく，実際にはイオンが移動する。イオンの移動による電荷移動の総和を電流として，溶液全体が平均的にオームの法則に従うと考えると，電解質溶液の電流は，長さl，断面積Aの溶液中の抵抗をR，両端にかかる電圧（電位差）をE，流れる電流密度をIとして，式(1.40)に示す関係になる。

$$R = \frac{E \cdot l}{I \cdot A} \tag{1.40}$$

ここで，溶液中の電流の流れやすさを示す導電率(σ)は，式(1.40)を変形した式(1.41)として示される。なお，導電率(σ)の単位は(S/m) (S=1/Ω)である。

$$\sigma = \frac{1}{R} \cdot \frac{l}{A} = \frac{I}{E} \tag{1.41}$$

ここで，腐食試験でよく使用する塩化ナトリウム (NaCl) 溶液を水に溶かした場合の濃度と導電率の関係 (25 ℃) を図 1.7 に示す。NaCl のように完全解離する電解質は，濃度と導電率[10]についてほぼ直線な関係が成立する[11]。また，電解質の濃度 (mol/m^3) 当たりの導電率をモル導電率（単位 (S・m^{-2}・mol^{-1})）と呼ぶ。導電率はアニオンとカチオンが足し合わされた形で得られるが，電解質濃度が極端に低くなる「無限に希釈した状態」を考えると，アニオンとカチオンがそれぞれ独立して移動すると考えられる。その値は個々のイオンの無限希釈モル導電率 (λ_i) としてデータが得られている。

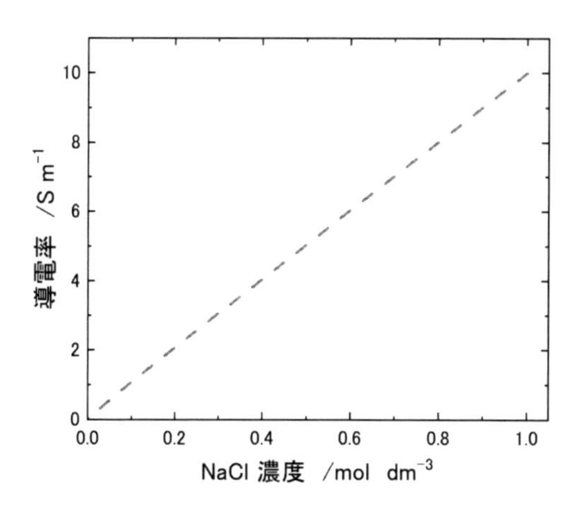

図 1.7　NaCl 水溶液の濃度と導電率の関係

ところで溶液中に化学種の濃度差が存在すると，濃度を均一にしようとする駆動力が働き，化学種が濃度の高い方から低い方へ移動する現象である拡散 (diffusion) が生じる。拡散現象は，Cl$^-$ のようなイオンでも溶存酸素 (O_2) のような分子でも同じ取り扱いをする。ここで，化学種 i の x

10　電気伝導度（率）の用語も一般的に使われているが，本書では『導電率 (σ)』を使う。

11　ここでは完全解離するイオンでの説明をしたが，完全に解離しない酢酸や複雑なイオンが混ざっている海水や河川水などでは，濃度から導電率を計算することは難しいので，導電率計を用いて測定することが望ましい。

の位置における濃度を c_i とすると，拡散は Fick の式と呼ばれる拡散方程式 (1.42) に従う。

$$\frac{dc_i}{dt} = -D_i \frac{d^2 c_i}{dx^2} \tag{1.42}$$

(1.42) 式では x を 1 次元として示しているが，溶液内を 2 次元・3 次元空間で考える場合には $\boldsymbol{x}$ はベクトルとして表されるので，$\boldsymbol{c}_i$ もベクトル座標を持つ値である。また，D_i は拡散係数と呼ばれる化学種に固有の拡散しやすさを表す係数である。化学種が分子状の物質だと，それぞれの分子に対しての拡散係数 (D_i) が数表として示されている [13]。化学種がイオンの場合は，前述したイオンの無限希釈モル導電率を用いて計算ができる。イオンの拡散係数 (D) と無限希釈モル導電率 (λ) との間には，ネルンスト-アインシュタイン (Nernst-Einstein) の式と呼ばれる式 (1.43) の関係が成り立っている。

$$\frac{D_i}{RT} = \frac{\lambda_i}{(z_i F)^2} \tag{1.43}$$

代表的なアニオンとカチオンについて，λ_i と同値から式 (1.42) で計算した D_i を，表 1.3 に示す。

ところで，拡散係数についても化学種の化学ポテンシャルの変化量から計算されるものであるので，実際には濃度との関係ではなく活量と関係がある。活量 (a_i) は式 (1.44) に示すように，活量係数 (f_i) と濃度 (c_i) の積で示され，そのため拡散係数は濃度と活量係数に依存する値となる。表 1.4 に，代表的な例として NaCl 水溶液中での Na^+ と Cl^- の拡散係数の濃度依存性を示す [14]。濃度の増加に応じてイオンの拡散係数が小さくなっている。

$$a_i = f_i \cdot c_i \tag{1.44}$$

表 1.3　イオンの無限希釈モル導電率（[13] より抜粋）と計算した拡散係数 (25 ℃)

イオン	λ /z(Scm²mol⁻¹)	D(cm²/s)
H^+	350	9.16×10^{-5}
Na^+	50.11	1.31×10^{-5}
K^+	74.5	1.95×10^{-5}
NH_4^+	74	1.94×10^{-5}
Mg^{2+}	53	6.93×10^{-5}
Ca^{2+}	60	7.85×10^{-6}
Ni^{2+}	54	7.06×10^{-6}
Fe^{2+}	53.5	7.0×10^{-6}
Cu^{2+}	55.5	7.26×10^{-6}
Zn^{2+}	54	7.06×10^{-6}
Cr^{3+}	67.5	5.89×10^{-6}
Fe^{3+}	68	5.93×10^{-6}
OH^-	198	5.18×10^{-5}
Cl^-	75.23	1.97×10^{-5}
Br^-	78	2.04×10^{-5}
NO_3^-	71	1.86×10^{-5}
HCO_3^-	45	1.18×10^{-5}
CO_3^{2-}	69	9.03×10^{-6}
SO_4^{2-}	80	1.05×10^{-5}

表 1.4　濃度が NaCl 水溶液のイオン種の拡散定数 (D；$10^{-9}m^2s^{-1}$) に及ぼす影響 [14]

イオン種	濃度 c　(mol/dm³)			
	0.1	1	2	4
$D(Na^+)$	1.300	1.234	1.130	0.930
$D(Cl^-)$	1.952	1.772	1.614	1.262

1.9　溶液中イオンの化学反応

溶液中の化学種は化学反応を起こし，腐食に影響を与える。最も代表的な反応は，式 (1.45) で示す水の解離平衡反応である。

$$H_2O \rightleftharpoons H^+ + OH^- \tag{1.45}$$

この反応の平衡定数 K は，$K=1.0\times10^{-14}$ (25 ℃) であることが知られている。この時のイオン濃度の単位は (mol/dm^3) である。水質でよく使われている pH は H^+ イオン濃度の常用対数を逆符号にしたもの（式 (1.46)）であり，$[H^+] = [OH^-]$ の場合は中性と呼び，25 ℃では pH が 7.0 になる。

$$pH = -\log_{10}([H^+]) \tag{1.46}$$

酸性の溶液では pH が 1.0 以下になる場合があるが，その場合には OH^- イオン濃度は 10^{-13} mol/dm^3 以下になっている。

腐食において，水の解離平衡反応の次に重要な反応は，金属イオンの加水分解反応である。ここで金属を M で表記しイオンになった場合の価数を n とすると，加水分解反応は溶解した金属イオンが水と反応して水酸化物を形成することで H^+ イオンを放出して pH を下げる反応であり，その一般式を (1.47) に示す。

$$M^{n+} + nH_2O \rightleftharpoons M(OH)_n + nH^+ \tag{1.47}$$

金属 M について，腐食反応でよく見かける代表的な金属に関して加水分解反応式と pK，並びに平衡定数 (K) を表 1.5 に示す [15]。表では M^{n+} の中に H^+ も含めて示しており，pK は $-\log_{10}(K)$ の値である。ここで，Cr について平衡定数の定義より，それぞれの活量を化学種の濃度 (mol/dm^3) で表して式 (1.48) に示す。

$$K = \frac{[Cr(OH)_3]\cdot[H^+]^3}{\left[Cr^{3+}\right]\cdot[H_2O]^3} \tag{1.48}$$

H_2O と沈殿の $Cr(OH)_3$ の活量は 1.0 になり、両辺の $\log_{10}$ を取ると式 (1.49) になる。

$$-pK = -3pH + \log_{10}\left(\left[Cr^{3+}\right]\right) \tag{1.49}$$

金属イオンの活量 ($\left[Cr^{3+}\right]$) を 1.0 とすると，Cr の加水分解反応の pK=1.52 なので，pH は pK / 3 ≒ 0.5 になる。この結果より，K の値が大きい，すなわち pK が小さいほど多くの H^+ イオンを生成することになる。

表1.5ではCrが最も小さなpKを示しているので，Crの加水分解反応がpHを下げる効果が大きいと言える。実際にステンレス鋼の局部腐食ではFe^{2+}イオンが最も多く溶解するのだが，局部腐食領域のpHはCr^{3+}イオンの加水分解反応で決まることが知られている。

表1.5　腐食に関わるイオンの加水分解反応と平衡定数（[15]より抜粋）

反応	pK	平衡定数 (K)
$H_2O \Leftrightarrow H^+ + OH^-$	14	1.0×10^{-14}
$Fe^{2+} + 2H_2O \Leftrightarrow Fe(OH)_2 + 2H^+$	5.84	1.45×10^{-6}
$Cr^{3+} + 3H_2O \Leftrightarrow Cr(OH)_3 + 3H^+$	1.52	3.02×10^{-2}
$Ni^{2+} + 2H_2O \Leftrightarrow Ni(OH)_2 + 2H^+$	6.36	4.37×10^{-7}
$Zn^{2+} + 2H_2O \Leftrightarrow Zn(OH)_2 + 2H^+$	14.85	1.41×10^{-15}
$2Al^{3+} + 3H_2O \Leftrightarrow Al_2O_3 + 6H^+$	2.89	1.29×10^{-3}

1.10　腐食反応の温度依存性

これまで説明してきた基礎理論の説明では，標準状態として1 atm・25 ℃のデータを前提としてきた。しかしながら，実際の腐食現象では溶液の温度はそれぞれ異なる。例えば，水は大気圧下では0 ℃で氷になり，100 ℃で沸騰して水蒸気として存在し，その間の温度では各種パラメータの温度依存性に従って異なる腐食反応が起きる。

これまで述べてきたとおり，化学反応でも電気化学反応でも，反応速度には活性化エネルギー (ΔG_a^*) が影響を与える。活性化エネルギーを考慮した反応速度式は式 (1.50) のように書ける。

$$k = A\mathrm{e}^{-\Delta G_a^*/RT} \tag{1.50}$$

この両辺の常用対数を取り，定数部分をまとめて (A′) とすると式 (1.51) の関係が得られる。

$$\log_{10} k = A' * \frac{1}{T} \tag{1.51}$$

すなわち，絶対温度 T (K) の逆数を横軸に，反応に関わるパラメータの常用対数を縦軸にグラフを描くと，直線関係が得られる。このようにして作成したグラフをアレニウス (Arrhenius) プロットという。

まず，腐食反応における重要な酸化剤である溶存酸素を例にとって考える。溶存酸素の拡散係数は約 2×10^{-5} (cm^2/s，25 ℃) である。この値は電気化学的に測定可能であり，温度を変化させて測定した結果をアレニウスプロットしたものを図 1.8 に示す [16-18]。横軸は $1/T$ であるが，上側に温度に換算した値を示しており，20 ℃で 1.8×10^{-5} cm^2/s，40 ℃で 2.8×10^{-5} cm^2/s，80 ℃で 5.3×10^{-5} cm^2/s 程度と，温度上昇に伴い拡散係数が上昇していることが分かる。つまり，拡散とは温度上昇による活性化が起きる現象であり，これは化学反応も同様である。すなわち，高温での電気化学反応を取り扱うときは，各種パラメータの温度変化，特にアレニウス型の変化を考慮する必要がある。

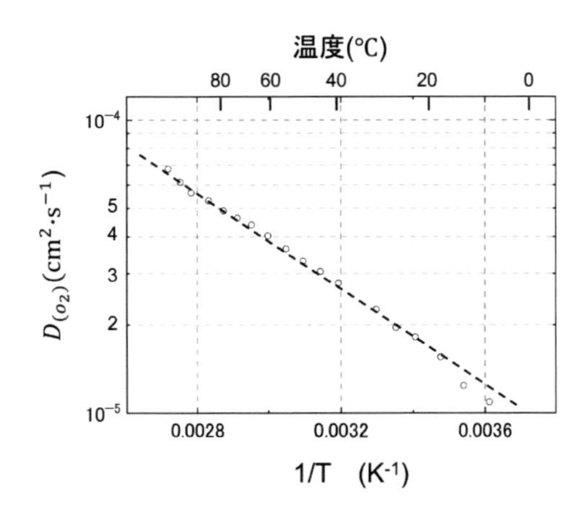

図 1.8　溶存酸素の拡散係数のアレニウスプロット

また，溶存酸素の濃度は，式 (1.52) に示すヘンリー (Henry) の法則により，酸素の分圧と平衡になることで決まる。ここで，χO_2 は溶液中の酸素の重量モル分率で，k はヘンリー定数，pO_2 は気相中の酸素の分圧 (atm) である。

$$\chi O_2 = k \cdot pO_2 \tag{1.52}$$

ヘンリー定数は成分ごとに独自の値を持つ。酸素のヘンリー定数は温度の上昇に伴い減少するため，純水に溶け込む溶存酸素濃度は 0 ℃では約 12 ppm であるが，25 ℃では 8.2 ppm になる。腐食速度は溶存酸素濃度だけで決まるわけではないが，この関係は知っておくとよい。

さらに，空気中の飽和水蒸気圧は，温度上昇に伴い非常に大きく変化し，0 ℃の場合はほぼ 0 気圧だが，100 ℃の場合は 1 気圧になる。温度上昇に伴って水蒸気圧が上昇するため，相対的に気相中の酸素分圧の減少の割合が大きくなり，溶存酸素濃度は温度上昇とともに下がっていく。ところが，図 1.9 で示すように酸素還元電流値は温度上昇と共に増加し，80 ℃付近で最大値を示し，100 ℃付近で下がる結果になる [19]。

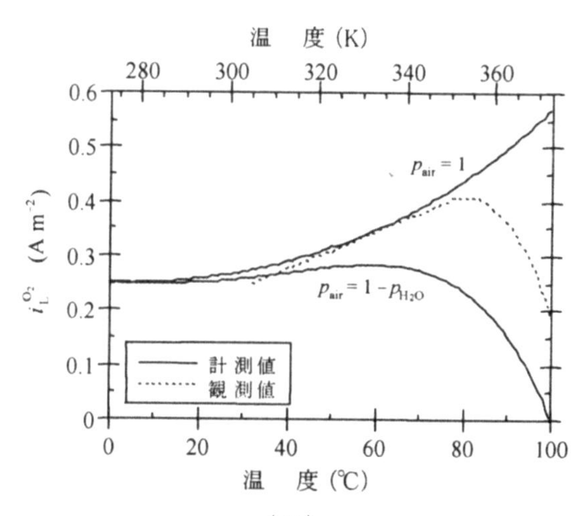

図 1.9 酸素拡散限界電流密度 $\left(i_L^{O_2}\right)$ の温度依存性（[17] より転載）

溶存酸素のみならず，イオンの化学反応も，当然温度依存性を持つ。既に水の解離平衡（式 (1.45)）は 25 ℃で 1×10^{-14} ($-\log(K_W)=14$) と示したが，この値も温度上昇に伴い変化する。その変化を表 1.6 に示す [20]。これにより，水の中性の pH は温度により変化し，25 ℃では 7.0 であるが，100 ℃では 6.1，200 ℃では 5.6 になることがわかる[12]。

表 1.6　水の解離平衡定数 (− log(K_w)) の温度依存性（[20] より抜粋）

温度 (℃)	− logK_w
0	14.938
25	13.995
50	13.275
75	12.712
100	12.265
150	11.638
200	11.289
250	11.191
300	11.406

また，水自体の飽和水蒸気圧と密度も，100 ℃を超えると大きく変化する。図 1.10 に水の温度に対する飽和蒸気圧の変化と密度を示し，併せてその値を表 1.7 に示す [21]。100 ℃の飽和水蒸気圧は 1 気圧（約 0.1 MPa）[13]で大気圧と平衡になり，この時の密度は 0 ℃の時から 4 % ほ

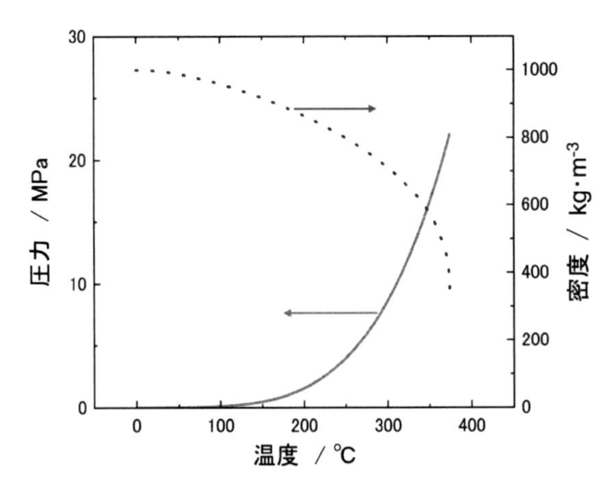

図 1.10　水の飽和水蒸気圧と密度

12　100,200 ℃の値は加圧して沸騰しない条件での値である。

13　気象ではヘクトパスカル (hPa) を使う。ヘクトは 10^2，メガ (M) は 10^6 である。なお，正確には 1 気圧=1013 hPa = 0.1013 MPa である。

ど小さくなる。さらに 200 ℃の場合の飽和水蒸気圧は 1.5 MPa となる。すなわち 200 ℃でまで水を沸騰させないでおくためには，1.5 MPa（約 15 気圧）に加圧しなければならない。この時の密度は 870 kg/m^3 で，常温よりも約 13 % 小さくなる。

図 1.10 では 374 ℃・圧力 22 MPa のところで線が切れているが，これ以上の温度と圧力の条件では超臨界状態となり，水は液体でも気体でもない状態である超臨界水に変化する。超臨界水は，通常の水とは異なる物性を有するために，汚染物質の除去や無害化，特殊な化学反応を起こさせるなど，様々な分野で研究が進められており，腐食においても通常水とは異なる現象が起きることが示されている [22-24]。

表 1.7　水の飽和水蒸気圧と密度（[21] より抜粋）

温度（℃）	飽和水蒸気圧（MPa）	密度（kgm^{-3}）
0	0.001	999.8
27	0.004	996.5
47	0.011	989.4
77	0.042	973.7
97	0.091	960.6
147	0.437	919.9
197	1.455	868.3
247	3.769	803.5
297	8.213	718.5
347	15.901	586.9
370	21.006	453.1
374	22.064	322.0

参考文献

[1] 前田正雄：『電極の化学』，技報堂 (1961).
[2] 佐藤教雄男：『電極化学（上下）』，日鉄技術情報センター (1994).
[3] ユーリック，レビュー：『腐食反応とその制御（第 3 版）』，産業図書 (1989).
[4] J.M. ウェスト：『電析と腐食（第 2 版）』，産業図書 (1977).
[5] 玉虫怜太：『電気化学（第 2 版）』，東京化学同人 (1991).
[6] 吉沢四郎：『電気化学III』，共立全書 (1979).
[7] 渡辺正，益田秀樹，金村聖志，渡辺正義，井上晴夫：『電気化学』，丸善出版 (2009).
[8] 『エネルギー基礎論（第 7 版）』（電気学会 編），電気学会 (2005).
[9] 春山志郎：『表面技術者のための電気化学』，p.53，丸善出版 (2001).
[10] 西方篤：材料と環境，66，pp.341-345 (2017).
[11] M. Stern: J. Electrochem. Soc., 102, pp.609-616 (1955).
[12] 『金属の腐食・防食 Q&A　電気化学入門編』（腐食防食協会 編），p.59，丸善出版 (2002).
[13] 『実験化学講座（続）6』（日本化学会 編），p.31，丸善出版 (1965).
[14] 『化学便覧（基礎編）改訂 6 版』（日本化学会 編），丸善出版 (2021).
[15] 『腐食防食ハンドブック CD-ROM 版』（腐食防食協会 編），付録 電位-pH 図，丸善出版 (2005).
[16] P. Han, D. M. Bartels, J. Pys. Chem., 100, pp.5597-5602 (1996).
[17] A. Komatsu, T. Tsukada, F. Ueno, M. Yamamoto; Proc. ICONE-23-2028(2015)
[18] 佐藤智徳，小松篤史，中野純一，山本正弘：材料と環境，70, pp.457-461 (2021).
[19] 『金属の腐食・防食 Q&A　電気化学入門編』（腐食防食協会 編），p.62，丸善出版 (2002).
[20] 『腐食防食ハンドブック CD-ROM 版』（腐食防食協会 編），III-1-2，丸善出版 (2005).
[21] 『理科年表プレミアム 1925-2020』（国立天文台 編），丸善出版 (2020).
[22] 水野孝之：材料と環境，47, pp.298-305 (1998).
[23] S. Teysseyre, G. S. Was: *Corrosion*, 62, No.12, pp.1100-1116 (2006).
[24] 土屋由美子，斎藤宣久，赤井芳恵，山田和矢，高田孝夫：材料と環境．52, pp.599-605 (2003).

第2章 さまざまな腐食現象

本章では，さまざまな腐食現象の発生原因や進展機構について簡単に解説する。解析の際に必要となるパラメータ類などについてもできるだけ説明するが，詳細については別途ハンドブックや書籍などを参考にしてほしい。

2.1　均一腐食

均一腐食 (Uniform Corrosion) とは，金属の表面上にアノードとカソードが存在し，ほぼ同じ速度で全面が一様に腐食する腐食現象を示す。均一腐食と類似な用語として全面腐食 (General Corrosion) があるが，こちらは腐食現象を示す用語ではなく外観的な腐食の状況を示す表現であり，例えば後述する孔食が金属表面全体で数多く発生する場合も全面腐食という [1]。一方，均一腐食に相対する用語としては局部腐食 (Localized Corrosion) がある。これについては 2.4 節，2.5 節で解説する。

鉄の板を塩化ナトリウムの水溶液につけると表面全体に赤い錆が着いた状態になる。これはアノード反応により板の表面から Fe^{2+} イオンが溶けだし，それが水溶液中の溶存酸素で酸化されて Fe^{3+} に変わり，水と加水分解して $Fe(OH)_3$ として沈殿するからである。この時のカソード反応はやはり板の表面全体で起きている。すなわち，均一腐食では金属表面全体がアノード反応を起こし，同時にカソード反応も起きている。この際に，両反応で流れる電流は同じ電流値であるが，同じ電極内で流れているので外部へは電流の流れがない状態（内部電流）と言える。

そのため，腐食の進行速度を評価するためには，あらかじめ重さを測定しておいた試験片を一定時間腐食させて，試験前後の重量変化から時間単位での腐食速度 (C.R.; Corrosion Rate) を求める。腐食速度の単位は $(g \cdot m^{-2} \cdot h^{-1})$，すなわち一定面積，1 時間当たりの重量の変化で示す。しかしながら，慣用的には $(mm \cdot y^{-1})$ すなわち 1 年 (year) 間当たりの板厚減少量で示すことも多い。その理由としては腐食が非常に長い時間で進行するため, 時間単位での変化というよりは年オーダーの変化を問題にするためと考えられる。Fe の腐食量のみを考える場合は単位を変更するだけでいいのだが，Zn や Al などの金属と比較する場合は密度が異なるので換算する係数が必要である。表 2.1 に，金属ごとの腐食速度の換算表を示す。

表 2.1 各種金属の腐食速度の換算

金属	電流密度	腐食速度	
	$A \cdot m^{-2}$	$mm \cdot y^{-1}$	$g \cdot m^{-2}h^{-1}$
Fe	0.1	0.12	0.104
Zn	0.1	0.15	0.122
Al	0.1	0.11	0.034
Cu	0.1	0.12	0.12
SUS304	0.1	0.10	0.094
SUS316	0.1	0.10	0.094

腐食速度は一定時間における腐食による変化量なので，考慮した時間の中では一定の値であることが前提になる。また，腐食により生成した腐食生成物（錆）を除去して重量を測定するために試験片を破壊するので，1 つの試験片で，毎年定期的に継続して腐食速度を評価することはできない。

試験片の腐食が進行している状態においては，電気化学的な測定が有効である。まず，分極曲線を測定する方法がある。これは，腐食電位から大きく分極して電位・電流の関係を求め，Tafel の関係式から腐食速度=腐食電流密度 (A/m^2) を求めるものである。しかしながら，Tafel の関係を求めるためには，腐食している電位からプラス方向とマイナス方向それぞれに数 100 mV 程度分極を行いながら，電流密度の変化を測定する必要がある。この時に表面でかなり大きな腐食反応が起きてしまう場合があり，求めたい腐食速度が小さい場合には，実際に起きている腐食反応を大きく加速した結果が得られてしまうという問題がある。具体的には，大気中や水道水中における鉄の腐食のように，比較的腐食速度が小さい場合などである。そのような場合は，分極する電圧を非常に小さくして測定する分極抵抗法 [2] や，微小な交流の電位を付加して測定する電気化学インピーダンス法 [3, 4] などを用いることで，試験片への影響を最小限にすることができる。

均一腐食の場合，アノード反応とカソード反応が同じ量で進行するが，どちらか遅い方の反応により腐食速度が決められる。これを律速過程という。水溶液の流れ速度が小さい大気中の場合，カソード反応となる溶存酸素の還元反応が律速過程となることが多いが，詳細は後述する。

2.2　マクロセル腐食

鉄とステンレス鋼を電気的につないだ状態で海水などの導電率の高い水溶液に漬けると，鉄は激しく腐食するがステンレス鋼は腐食しない。ところが，亜鉛と鉄を接合した場合では亜鉛が腐食し，この作用により鉄の腐食を抑制することができる[1]。これは亜鉛を用いた鉄の防食法（カソード防食法）として，船舶や海洋構造物等多くの設備で使用されている。

このように水溶液中で 2 つの電極間に電流が流れる状態をマクロセル，2 つの電極間に流れる電流をマクロセル電流あるいはカップル電流という。異なる 2 種類の金属を接続して起きる腐食は「異種金属接触腐食 (Galvanic Corrosion)」と呼ばれることもあるが，マクロセルでの腐食は同一の金属であっても起きるため，2 つの電極間で電位差が生じて大きな電池を形成することを想定して，均一腐食と比較する意味でも本書では「マクロセル腐食」と呼ぶ。

マクロセル状態になるためには 2 つの電極間に電位差が生じる必要がある。基本的には金属が異なるために電位差が生じる場合が多いが，同じ金属でも環境が異なれば電位も異なる。金属に温度差がある場合や，表面の化学種，例えば溶存酸素濃度に違いがある場合などで，この時に電位の低い方がより腐食する。ただし，マクロセルの場合には，2 つの電極間に電気的な接続があり，外部で電流が流れることが必須となる。逆に言うと，この電流を遮断するとマクロセル腐食は起きなくなるので，マクロセルを形成しやすい 2 種類の金属の接続では，溶接やボルトによる接続ではなく接着剤などを用いて電気的に絶縁して接続すると，マクロセル腐食を防ぐことができる。

マクロセル腐食は電解質溶液中を電流が流れることにより進行するた

1　鉄の代わりに別の金属が腐食するという意味で『犠牲防食 (sacrificial protection)』という言葉も使われているが，代替材料として溶解するのではなく電位を Fe のカソード反応域側に下げることが重要な観点である。

め，溶液中を流れる電流量と溶液の導電率で電位分布が形成される。そのため，ワグナー (Wagner) 長さ (L_W；cm, 10^{-2}m) と呼ばれる指標を用いることが分かりやすい [5]。ワグナー長さは，r_p；電極反応の分極抵抗 ($\Omega \cdot cm^2$, $10^{-4}\Omega \cdot m^2$) を，ρ_s；溶液の抵抗率 ($\Omega \cdot cm$, $10^{-2}\Omega \cdot m$) で割った値であり，式 (2.1) で表される。単位は長さのディメンジョン (m) を持つ。ワグナー長さを用いることでマクロセル腐食の起きやすさを比較的簡単に評価できる。

$$L_W = \frac{r_p}{\rho_s} \tag{2.1}$$

分極抵抗に相当する腐食電流密度毎の抵抗率とワグナー長さの関係を図 2.1 に示す。腐食電流密度 (i_{corr}) と分極抵抗 (r_p) の関係は，式 (2.2) より求められる。ここで B は分極抵抗と腐食電流密度を関係づける比例定数で，炭素鋼の中性溶液中では 0.026 V と報告されている [5]。

$$i_{corr} = \frac{B}{r_p} \tag{2.2}$$

図 2.1 で分かることは，腐食電流密度（腐食速度）が大きくなれば，同

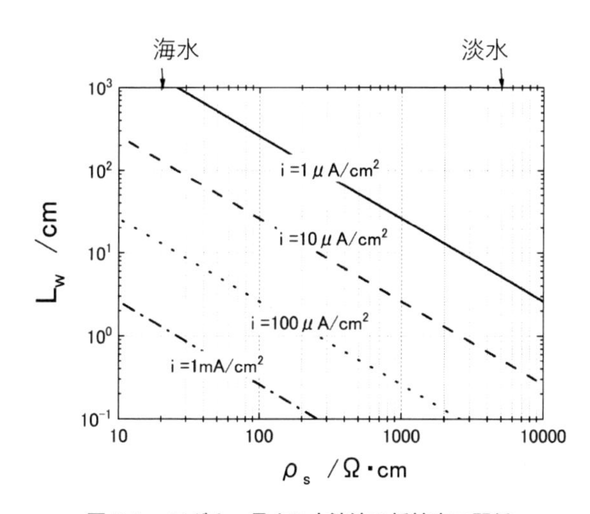

図 2.1　ワグナー長さと水溶液の抵抗率の関係

じ抵抗率においてもワグナー長さが小さくなるということである。仮に，一般的な Fe の腐食速度として 10 μA/cm^2 (0.1 A/m^2，約 0.1 mm/y) で考える。図中上部に矢印で示す海水の抵抗率は 20 Ω・cm（導電率 5 S/m）で，ワグナー長さは約 2 m 程度になる。これに対して，淡水の平均的な抵抗率 5000 Ω・cm（導電率；0.02 S/m）では，ワグナー長さは数㎜にしかならない。すなわち，Fe の腐食が関与するマクロセル腐食の場合では，海水では数 m オーダーでマクロセル腐食の発生が懸念されるのに対して，淡水では数 cm も離れればマクロセル腐食の発生が起き難くなるということを示している。

また，ステンレス鋼の腐食電流密度は Fe よりも 1 桁以上小さいため，同じ電解質溶液中においてもワグナー長さが長くなる。その為，より遠くまでマクロセル腐食の影響が及ぶことになる。

このように，海水中においては数 m 先までも電極反応が影響するので，例えば石油掘削プラットフォームなどの数十 m サイズの海洋構造物の電気防食においては，電極配置が海中における防食電流の流れ分布に大きな影響を与えることになり，重要なデータである。そのため，海洋構造物の海水中電位分布は，早くから計算機的手法による解析が行われている課題である [6]。

2.3　不働態

ステンレス鋼の語源は Stain less であり，これから分かるように錆びにくいことが特徴で様々な用途で使われている。しかし，ステンレス鋼の表面は，実際には錆びている。すなわち酸化物皮膜で覆われているのだが，この皮膜が非常に薄いため金属光沢を有している。この薄い酸化物皮膜を不働態皮膜，また金属表面が薄い酸化物皮膜で覆われ腐食しにくい状態にあることを不働態と呼ぶ。ステンレス鋼は，薄くて化学的に安定な不働態皮膜を表面に形成することで，それ以上の腐食を抑制しているのである。ステンレス鋼以外にもチタン，アルミニウム，ジルコニウムなども表面に不働態皮膜を形成し，その厚みはおおよそ数 nm 程度である [7]。これらの金属の耐食性は不働態皮膜の安定性に関わっていると言える。

ステンレス鋼の中心的な構成元素は Fe, Cr, Ni である。これらそれぞれの金属の 1N H_2SO_4 溶液中でのアノード分極曲線と，代表的なステンレス鋼である SUS304 鋼（18 %Cr-8 %Ni 鋼）のアノード分極曲線を図 2.2 に示す [8, 9]。Fe, Cr, Ni ともに低い自然浸漬電位を示すが，高電位になるとすぐに大きな電流密度で溶解する。その後それぞれ電流のピークを示し，急激に電流値の低下がみられる。この電流値の低下した状態が不働態に相当し，このときの電位を不働態化電位と呼ぶ。フラーデ (Flade) 電位と示されているテキストもあるが，フラーデ電位は不働態化している金属が再活性化へ移行する際に電位の停滞が起きる電位であり，両者は測定法が異なっているので同じものではない [10]。

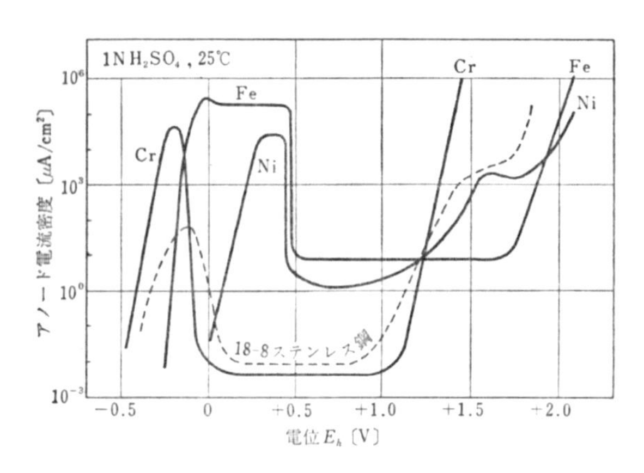

図 2.2　1N H_2SO_4 中での各種金属のアノード分極曲線（[8] より引用）

不働態域の電流密度を不働態保持電流密度と呼ぶ。Fe では広い領域で電流ピークが認められ，不働態保持電流密度も比較的大きい。Ni はピーク領域が狭いが不働態化電位は比較的高く，不働態保持電流密度もやはり大きい。Cr は不働態化電位が低く，不働態保持電流密度も小さい。点線で示した SUS304 (18 %Cr−8 %Ni) 鋼の分極曲線は，不働態状態では Cr の分極曲線とほぼ一致している。

ステンレス鋼の不働態皮膜中では，Cr 比率が非常に高いことが実験的に知られている。様々な合金組成の Fe-Cr 合金を硫酸水溶液中に浸漬し，その際に生成した不働態皮膜の Fe-Cr 比率を XPS で分析した結果を，図 2.3 に示す [7]。ここで，カチオン分率とは分析により得られたカチオン元素 (Cr, Fe) の中で検出された Cr の比率を示す。SUS430 鋼の 18 %Cr-Fe 合金では，Cr の組成比は 18 % であるにもかかわらず，不働態皮膜中で約 60 % 以上が検出されている。すなわちステンレス鋼では Cr の比率が非常に高い不働態皮膜が形成され，不働態皮膜の特性に大きな影響を与えている。また，Cr の組成比は電位や溶液組成にも影響を受けることが示され，電位が低い方が，また pH も低い方が Cr の比率が高いことが示されている [7]。

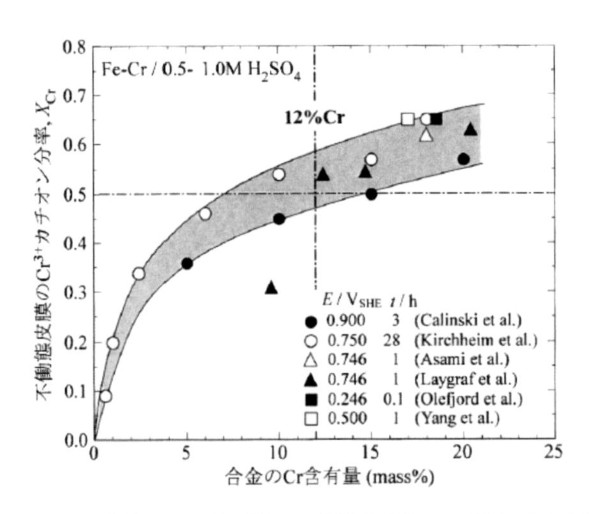

図 2.3　Fe - Cr 合金の Cr の組成比と不働態皮膜中の Cr 濃度（[7] より転載）

近年，最新の分析機器による詳細な解析が進み，不働態皮膜は均一な構造ではなく厚み方向に組成のバラツキがあることが分かってきた [11]。また，長時間不働態の状態を維持している間に，皮膜に流れる不働態保持電流値が減少してくることも分かってきた。つまり，不働態皮膜は安定な皮膜構造体として全く変化しないで存在しているのではなく，常時変化し続けているということが分かってきている [12]。

2.4　局部腐食（孔食）

不働態皮膜により優れた耐食性を有している金属でも，温度の上昇や酸性やアルカリ性，塩化物イオン (Cl^-) 等が高濃度で含まれる環境，加えて高い電位である場合に，不働態皮膜が不安定になり腐食する。その腐食の形態は，半球状の穴を形成して腐食が進行する孔食である。典型的な例として，SUS316 鋼に形成した孔食の写真を図 2.4 に示す。また，ステンレス鋼だけでなく不働態皮膜で耐食性を維持している金属は多くが孔食を起こす。特に Al 合金は孔食が起きやすいことが知られている。

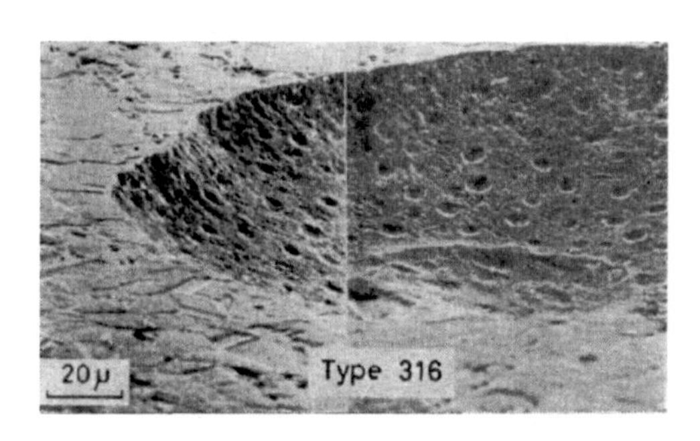

図 2.4　SUS316 鋼に形成した孔食の例（[13] より転載）

図 2.5 は SUS304 鋼に塩化物イオンが存在する環境でアノード分極を行って腐食電流の変化を調べたものであり，塩化物イオン濃度は 0.5 mol/kg（約 3 % NaCl）で，温度を 273 K (0 ℃) から 353 K (80 ℃) まで変化させて浸漬電位からアノード側に分極した結果である。

298 K (25 ℃) 以上では分極曲線の途中で電流が上下に大きく変動する状況が見られ，その後急に大きな電流値が流れる。この大きな電流が流れ始める電位を孔食電位と呼ぶ。孔食電位に到る前に分極曲線上に電位の振動が見られるが，これはミクロな孔食が発生しては再不働態化した結果と考えられる。すなわち，孔食はある電位条件から発生と再不働態化を繰り返していて，再不働態化できない条件になった時に急に成長して分極曲線上に電流の増大がみられる。この変化は試験を行った時の小さな条件の変化にも影響されるので，孔食電位は再不働態化できない孔食が進展し始める条件を示すものであり，必ずしも一定の値ではなく，実験の繰り返しでも変化し得る統計的なばらつきを持つ値である [14, 15]。

また，図 2.5 で分かるように温度の上昇は孔食電位を下げる，すなわち孔食の発生を加速する条件になる。さらに，塩化物イオン濃度の増加や pH の低下（H^+ イオン濃度の増加）も孔食電位を下げることが知られている。つまり，電位，温度，Cl^- や H^+ イオン濃度の上昇は不働態皮膜の安定性を下げるので孔食を起きやすくする。

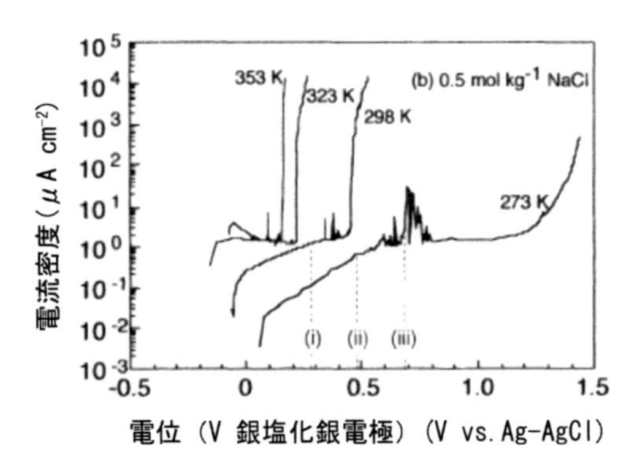

図 2.5　SUS304 鋼で温度を変えて測定した孔食電位測定例（[14] より転載）

ステンレス鋼の孔食が発生・成長した後，一部は成長が止まる，すなわち元の不働態に戻る（再不働態化）という過程で進むことは，孔食の研究の初期から示されていた [13]。成長している状態から再不働態化に進むのか，成長し続けるのかについては，電位との関係に大きく左右され，非常に高い電位が維持される場合は成長し続ける。たとえば，溶液中に酸化剤となる塩化第2鉄 ($FeCl_3$) を混ぜると，より孔食成長が継続しやすくなる [15, 16]。また，孔食のサイズが大きくなると再不働態化が起きやすくなることも分かっている。

孔食内の環境や孔食部位の腐食電流を測定することは実際には難しいので，モデル的な構造を作って内部環境や腐食電流を測定することも行われている。その結果，内部環境の pH は1程度に低下すること，孔食の内部の腐食電流密度は 100 mA/cm^2 程度になることが示されている [17, 18]。また，微小部を電気化学的な測定と同時に顕微鏡で観察した結果，ステンレス鋼の孔食の発生は MnS などの介在物を起点として起こっていることも明らかにされ，表面に存在する介在物の分布と孔食発生の関連も解析されてきている [18- 20]。4.1 節では孔食の進展過程をマルチフィジックス計算した例を示しているので，参照してほしい。

2.5 局部腐食（すきま腐食）

ステンレス鋼製のパイプをつなぐ際に，溶接ではなくフランジを合わせてねじ止めをする場合，止水のためにガスケットを挟んでボルト接続する図 2.6 のような構造を取ることが多い。この時に，フランジの接合部から内部の液体が漏れ出すトラブルが起きることがある。配管内面の内部液体と接触している部分は全く腐食しておらず，ステンレス鋼特有の金属光沢を保ったままなのに，ガスケットと接した部分は溝状にくぼんだ腐食が起き，この部分を通して液体が漏れる現象である。これは典型的なすきま腐食と呼ばれる腐食事例である。これ以外でも，海の中でステンレス鋼を使ったときにフジツボなどが付着した部分でくぼみ状の腐食が発生した

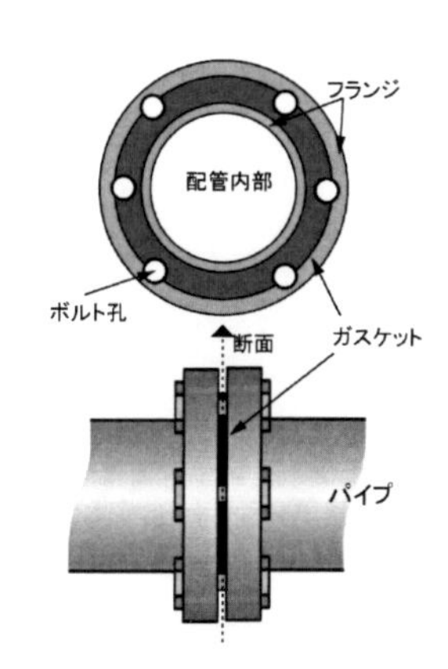

図 2.6　ガスケットを挟む場合のパイプ接続例

り，樹脂製のカバーをしたステンレス鋼がカバーの下で赤くさびたりすることがある。

すきま腐食の発生の大きな要因は孔食と同様ではあるが、より金属の電位に敏感なことが分かっている。辻川らはすきま内再不働態化電位という指標を提示し，ステンレス鋼とガスケットを接触させてガスケットの材質の影響を評価した。代表的なガスケット材の比較では、テフロン樹脂・合成ゴム・石綿の順にすきま内再不働態化電位が低くなる，すなわちすきま腐食を起こしやすいことを示している [21]。

金属の電位を再不働態化電位以下に制御することですきま腐食の発生を防ぐことができるが，塩化物イオンを多く含む環境における 304 ステンレス鋼の再不働態化電位は 0 V vs. SHE 程度であり，この電位以下に制御し続けるのは実用上難しいため，電気防食法により電位を下げることも行われる。ところで，すきまのギャップ（すきま部の溶液層の厚み）[2]についてはある程度大きくなるとイオンの拡散などが容易になるので，すきま腐食の発生が抑制されてすきま腐食が発生し難くなる。実験的な結果として，ギャップ幅が 40 μm 以下でないとすきま腐食が顕著に発生しないことが示されている [22]。

すきま腐食が発生すると，すきま内環境はより腐食しやすい方向に変わっていく。図 2.7 に，すきま腐食が進行している状態を模式的に示す。すきま内のカソード反応は溶存酸素の還元反応が中心である。すきま外部では溶存酸素が消費されても周囲の溶液からの拡散でほぼ一定の濃度を維持できるが，すきま内部では溶存酸素の拡散がすきまの入り口からしか起きないために，溶存酸素濃度が低下する。この結果，すきま内ではカソード反応速度が低下し，金属の溶解であるアノード反応が主体となる。一方，すきま外部ではカソード反応が起き続け，両者の間にマクロセルが形成される。

2　すきま幅と表現されている場合もあるが，開口部の横幅と明確に区別するためにギャップとする。表面を非常にきれいに磨いたステンレス鋼とガラス板を合わせて締めつけても 5 μm 以上のギャップが形成する [23]。

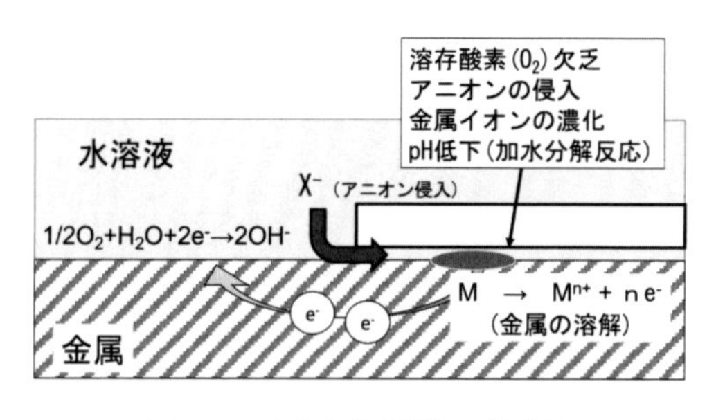

図 2.7　すきま腐食現象の模式図

すきま内でアノード反応が進むことで金属の溶解に伴う金属カチオン濃度が増加し，それを解消するために外部からアニオン（Cl^- イオン等）が入り込んでくる。結果としてすきま内はカチオン，アニオン共に濃化する。さらに金属カチオンは水との加水分解反応を起こし H^+ イオンを生成するため，すきま内部の H^+ イオンの濃化，すなわち pH の低下が起こる。

$$Fe^{2+} + 2H_2O \rightleftharpoons Fe(OH)_2 + 2H^+ \tag{2.3}$$

$$Cr^{3+} + 3H_2O \rightleftharpoons Cr(OH)_3 + 3H^+ \tag{2.4}$$

$$Ni^{2+} + 2H_2O \rightleftharpoons Ni(OH)_2 + 2H^+ \tag{2.5}$$

ステンレス鋼を構成する 3 つの元素が溶解した際には，式 (2.3) から式 (2.5) の加水分解反応が起きる。表 1.5 で示したように，pK の値はそれぞれ 5.84，1.52，6.36 で，仮に平衡状態になった場合もっとも pH を下げるのは Cr^{3+} の加水分解反応であり，その時の pH は 0.5 程度まで下がる可能性がある。なお，電気化学的なモデル実験を行うと，実際にはもっと低くなることが示されてきた [24]。これはすきま内の狭い領域で溶液が高濃度になるために起きる現象である[3]。

また，すきま腐食と塩化物イオン濃度は密接な関係を示す。辻川らはモデルすきまの試験を行い，塩化物イオン濃度と電位をパラメータとしてすきま部の電流の関係を整理している [25, 26]。図 2.8 に彼らの試験方法と

3　4.4 節で詳細に説明する。

結果を示す。直径 2a=1 mm，深さ h=10 ㎜の円筒形の穴を 45° 傾けて設置し，すきまを模擬する。あらかじめ 0.9 mol/dm^3 HCl 溶液を穴に充填しておき，濃度の異なる NaCl 水溶液で電位を変化させて，電流値を測定する。試験片に流れる電流 (I*) は，電位の上昇に伴い，不働態保持電流からすきま部で腐食が進行する大きな電流値（すきま腐食電流）に変化する。このとき，塩化物イオン (Cl^-) 濃度は不働態からすきま腐食発生に遷移する電位に影響を与えるが，電流値は塩化物イオン濃度からはほとんど影響を受けず，電位に指数的に比例する 1 本の直線状になる。このモデルすきま試験の結果より，塩化物イオン濃度はすきま腐食の発生条件に影響を与えるが，すきま腐食が進行している時には影響せず、すきま腐食が一定の電位－電流関係（分極曲線）に従って進行することが分かる。

篠原らは，工学的に深さを測定できるモアレ法を用いて，ガラス板を押し当てて作製したすきま部の深さ分布を評価した。その結果，すきま腐食はすきま内の全面で発生するのではなく，最初に入口付近で発生し，この部位が最も深く腐食すること，また腐食部が時間的に変化することを示した [27]。

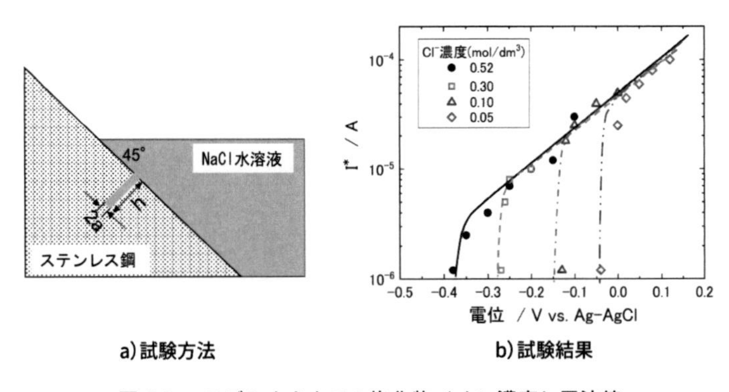

図 2.8　モデルすきまでの塩化物イオン濃度と電流値

近年，光学機器の精度や使い勝手が向上し，すきま腐食の進行過程を画像として取り込んで連続的に解析する試験が頻繁に行われるようになってきた [23, 28-30]。それらの結果から，すきま腐食は均一に進むのではなく，外縁近傍で発生した腐食が内側へ移動していくことや，すきま内での水素ガス発生に起因して気泡が発生することも報告されている。特に水素ガスの発生については，すきま内でも H^+ イオンの還元反応，すなわちカソード反応が起きていることになる。これはすきま内では金属の溶解に相当するアノード反応のみが起きていて，外部では溶存酸素の還元に伴うカソード反応とのマクロセルが形成されていると考えた場合には説明のつかないことである。

水素発生反応の平衡電位は，その定義から H^+ と H_2 ガスの活量が 1.0 の時に 0 V vs. SHE である。この値から考えると，pH が 1 以下かつ電位が 0 V vs. SHE 以下で水素が発生することになる。しかしながら，前述したように SUS304 鋼のすきま内再不働態化電位は約 0 V vs. SHE なので，すきま腐食が起きているステンレス鋼の電位はもっと高い電位であり、実際には 0.1～0.5 V vs. SHE 程度である。このため，すきま内で水素ガス発生が認められたということは，すきま内部の pH がこれまで考えられた以上に低下していること，並びにすきま外部は 0.2～0.3 V vs. SHE 以上の高い電位になっていてもすきま内部ではそれよりも数百 mV 程度低い電位になっているということになる。このような状況を実験的に明らかにすることは難しいが，マルチフィジックス計算ではある条件を設定した計算で再現できる[4]。

2.6　淡水中での腐食

腐食に関わる現象の多くは，水溶液に接している状況で起きる。我々が日々目にする最も身近な水は水道水である。また，水は数多くの産業分野で冷却や洗浄のために使用されているため，腐食に関わる技術者は，水を移送する配管や保管するタンク類などの腐食に直面する。

産業分野で使われる工業用水も家庭で使用される水道水も，水質は河川水や井戸水など元の原料水に依存する。淡水の水質は溶け込んでいる化学

4　4.5 節を参照。

種の濃度に依存し，それらを示す指標が定められている。代表的なものとしてはMアルカリ度と硬度がある。Mアルカリ度は主として炭酸塩によるアルカリ度合いを評価するもので，重炭酸の平衡反応（式(2.6)）がほぼ終了するpH=4.8まで中和した場合の酸当量を$CaCO_3$の濃度(mg/L)で表示したものである[31]。

$$HCO_3 + H^+ \rightleftharpoons CO_2\,(aq) + H_2O \tag{2.6}$$

また，水中のCa^{2+}量をCa硬度，Mg^{2+}量をMg硬度，Ca^{2+}とMg^{2+}を合わせた量を総硬度とよび，それぞれ$CaCO_3$に換算した濃度(mg/L)で示す。さらに，$CaCO_3$を析出しやすいかどうかの指標としてランゲリア指数が使われることも多い[31]。

一方，腐食の観点で重要な水質の指標は，溶存酸素濃度，pH，導電率などである。

溶存酸素が存在する淡水中では，炭素鋼は腐食する。多くの場合錆の皮膜を形成して腐食し，特に錆が分厚く成長した下では腐食が激しくなる傾向がある。これは錆こぶ状腐食と呼ばれ，鋼製の管などに形成した場合は放置しておくと穴あきにもつながる。そのため，通常鋼製の配管では塗装やライニングなどの防食が必要であり，亜鉛メッキ鋼が炭素鋼の防食のために使用されることもある。しかし，特定の水質条件で温度が60 ℃以上になるとZnの電位がFeよりも高くなる，電位の逆転現象が起きることが知られている[31]。このように特定の条件下では炭素鋼を錆びさせることがあるので，環境条件をよく検討して適用すべきである。

淡水中の炭素鋼は溶存酸素によって腐食するが，溶液の流速が増すにつれ，炭素鋼は不働態化しやすくなる。図2.9は水道水中での炭素鋼の腐食速度と水道水の流速の関係を，溶存酸素濃度ごとにプロットしたものである[31]。図中で非脱気と示しているのは開放系での試験で，常温ではDO濃度は約8.0 mg/dm^3 (≒8 ppm)である。

非脱気条件のように溶存酸素濃度が高い場合には，流速の上昇に伴い腐食速度が低下する。しかし溶存酸素濃度の低下に伴いこの傾向は崩れてきて，ほぼ酸素がない状態になると，流速の上昇に伴い腐食速度が増加する傾向になる。これは高流速下での炭素鋼の不働態化に溶存酸素が影響していることを示す。ただし，高流速下での炭素鋼の不働態は，ステンレス鋼にできる不働態皮膜等と比較すると不安定なので，流速条件等が少し変わると加速的な腐食を引き起こすこともあり，注意が必要である。

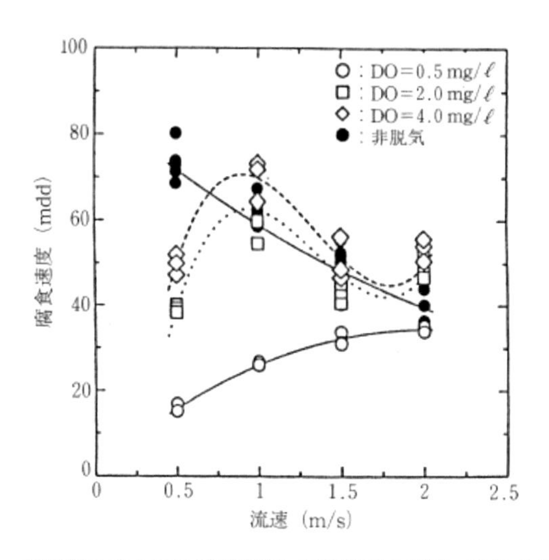

図 2.9　炭素鋼の腐食に及ぼす流速と溶存酸素の影響（[31] より転載）

2.7　海水中での腐食

海水は地球の水の 95 %以上を占めていて，我々の生活に密接に関わっているが，腐食という観点では非常に厳しい環境条件をもたらす。海水は塩分が多いことは当然だが，その成分は NaCl だけではなく，表 2.2 に示すように各種のイオンが含まれている。この中で Na^+ と Cl^- がアニオン，カチオンでそれぞれ最も多いイオンであるため，NaCl の濃度に換算して約 3.5 % 濃度として考えられることも多い。また，表 2.2 に示される成分（主体は重炭酸イオン）の影響で pH は中性よりも若干高く，pH=8.2 程度である。溶存酸素は温度や水質の影響を受けるが，25 ℃で

5〜6 ppm 程度である[5]。導電率は 50 mS/cm (5 S/m) 程度であり，非常に導電性が高いことが特徴である。塩化物イオン濃度も導電率も高く，繰り返すが腐食を防ぐにはかなり厳しい条件である。

表 2.2　平均的な海水の成分

化学種		濃度（g/kg）
塩化物イオン	Cl^-	19.350
ナトリウムイオン	Na^+	10.760
硫酸イオン	SO_4^{2-}	2.712
マグネシウムイオン	Mg^{2+}	1.294
カルシウムイオン	Ca^{2+}	0.412
カリウムイオン	K^+	0.399
重炭酸イオン	HCO_3^{2-}	0.145
臭素イオン	Br^-	0.067
ストリンチウムイオン	Sr^{2+}	0.0079
ホウ酸イオン	$B0_3^{3-}$	0.0046
フッ化物イオン	F^+	0.0013

海洋構造物は，鋼材をそのまま用いる（裸鋼材の使用）ことが多く，これまでにも数多くの劣化事象が知られている。また暴露試験も古くから実施され，1958 年の Larrabee の海洋暴露試験結果の報告がおそらくもっとも古いものである [32]。この当時から，海水環境では水深方向に腐食速度の大きな分布が存在することが分かっていた。その腐食傾向には潮の満ち引きが大きく関係していることが分かっている。

図 2.10 は，裸鋼材の海中部の板厚減少量と深さとの関係である [33]。板厚減少量すなわち腐食量は，干満帯の上部の波しぶきがかかる飛沫帯で非常に大きく，さらに干満帯の少し下の部位の海中部でも極大値を持ち，干満帯は全体の中では比較的腐食量が少ない。また，海水中はその中間的な腐食量で，海水の水質により多少の変化はあるものの，腐食量は概ね 0.1 mm/y 程度である。この腐食傾向は海上から海底まで一体となった

5　水に溶け込むイオンの濃度が高くなると溶存酸素濃度は下がる。海水の塩分濃度の影響だけだと 25 ℃で約 6.5 ppm になるが，有機物や微生物の影響なども受けるのでばらつきがある。

構造物で見られる。

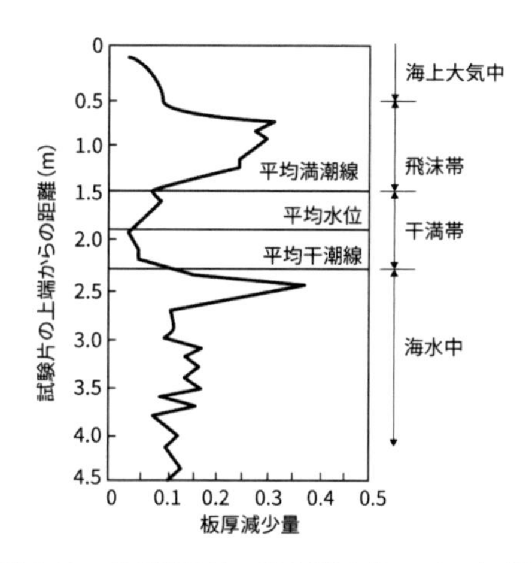

図 2.10　海洋構造物の腐食状況（[33] より転載）

図 2.11 は，実構造物の腐食傾向とクーポン試験片を各深さに設置して暴露した結果を比較したものである [34]。クーポン試験片では，水深方向の腐食速度に大きな違いは見られない。同様の傾向は，クーポン試験片を電気的に接続した場合とそれぞれ独立した場合でも認められている [35]。このように，高い導電率によるマクロセル腐食の影響を受け，干満帯部がカソード部になる時間帯が長く，その直下がアノード部になる時間帯が長くなり，結果的にこの部分の腐食量が決まってくることが実験的にも示されている [36]。

飛沫帯は波しぶきのために非常に大きい腐食量になり，干満帯はその部位が露出していることで直下の腐食速度を増加させるので，この領域を腐食させない防食処理をすることで構造物全体の腐食量を減少させることができる。そこで干満帯より上部には主に樹脂被覆が施され [37]，特に長期の寿命が要求される場合にはステンレス鋼や Ti がライニングされている [38]。また，海中部の腐食量も低減させるためには，電気防食が施される。

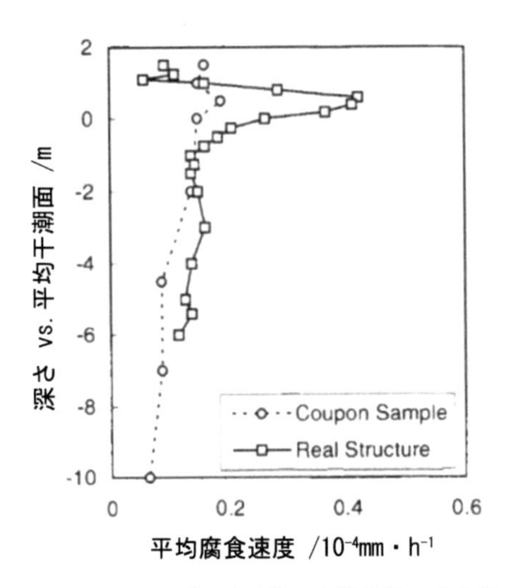

図 2.11　海中部におけるクーポン試験片と実構造物の腐食傾向の違い（[34]より転載）

2.8　高温水中での腐食

熱力学の教科書では，水蒸気タービンの入口では水蒸気温度と圧力をできるだけ高くし，タービンを回して仕事をした後の復水器では圧力を下げることが高効率につながると記載されている [39]。そのため，発電施設などでは高温の水を使っている。

1.9 節で示したように，高温水中では，水の解離定数，飽和蒸気圧，密度などが常温よりも大きくなる。その結果，腐食反応も加速されることになる。ここでは，とりわけ腐食によりトラブルが起きた場合のリスクが大きい原子力発電炉における腐食を例に示す。

産業用の原子力発電炉の構造は沸騰水型と加圧水型との大きく 2 種類に分かれ，図 2.12 にそれぞれの構造の概略図を示す [40]。図 2.12 a) の沸騰水型原子力発電炉 (BWR; Boiling Water Reactor) は，約 8 MPa（80 気圧）の水圧で水を原子炉圧力容器内に満たして原子力燃料を冷却する。冷却水はこの圧力での沸点（300 ℃弱）の蒸気となり，直接タービンを回して発電する。図 2.12 b) の加圧水型原子力発電炉 (PWR: Pressurized Water Reactor) は原子力燃料を冷却する 1 次冷却水を約 20 MPa（200 気圧）程度に加圧して原子炉圧力容器に満たし，沸騰点（約 400 ℃）以下の温度，通常 350 ℃程度で運転する。蒸気発生器の中で 1 次冷却水の熱を用いて 2 次冷却水を加熱・沸騰させて蒸気を発生させ，その蒸気でタービンを回すことで発電を行う。そのため，PWR では燃料部に直接接した水はタービンには触れないが，BWR ではタービン部も燃料部[6]に触れた水（水蒸気）が流れ込むことになる。

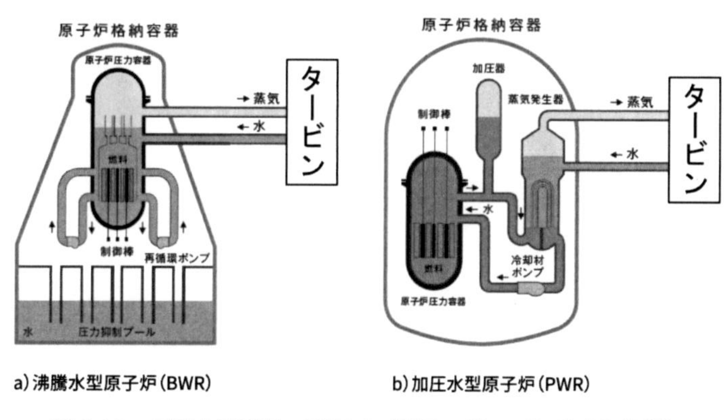

図 2.12　原子力発電炉，BWR と PWR の違い（[40] より転載）

どちらも高温の水を使用するために，高温の冷却水に触れる配管や圧力容器，蒸気発生器などに腐食発生の懸念があり，高耐食性のステンレス鋼や Ni 基合金が使用されている。また冷却水には，溶存酸素濃度を極力低下させたり，水素ガスを添加したり，塩化物イオンなどの腐食性のアニオンを徹底的に除去した高純度な水を使用している[7]。

原子力発電炉で起きる腐食事象は応力腐食割れ (SCC; Stress

6　燃料部の核燃料は非常に腐食しにくいジルコニウム合金製のサヤ管内に収められているので，冷却水が直接核燃料に触れることはない。

7　例えば，Cl^- 濃度は 50 ppb 以下、溶存酸素濃度は，BWR で 150 ppb 以下，PWR で 5 ppb 以下の実績値である [42, 43]。

Corrosion Cracking) が最も多い。SCC による発電プラントへの影響は，き裂が配管などを貫通することによる内部液体の漏洩である。貫通までの過程は SCC の発生とその後のき裂の進展とに分けられる。SCC が発生する環境条件などを評価するための発生試験と，生成したき裂が進展する速度への影響因子などを評価する進展試験は全く異なっており，それらについては [41] で総論的に解説にまとめられている。その中で，SCC の発生や進展に及ぼす因子についても大まかに示されている。

設備の安全性を担保するという観点では，発生を防ぐ対策よりは，き裂の進展速度を遅らせて，定期点検までの間に漏洩を防ぐことが重視される。そのため，き裂進展速度 (CGR; Crack Growth Rate) という指標が重要視される。

BRW におけるき裂進展速度は，溶液の電位に依存することが示されている [42]。図 2.13 は腐食電位と SCC き裂進展速度との関係を示したものであり，電位を下げることで SCC き裂進展速度を下げることができる

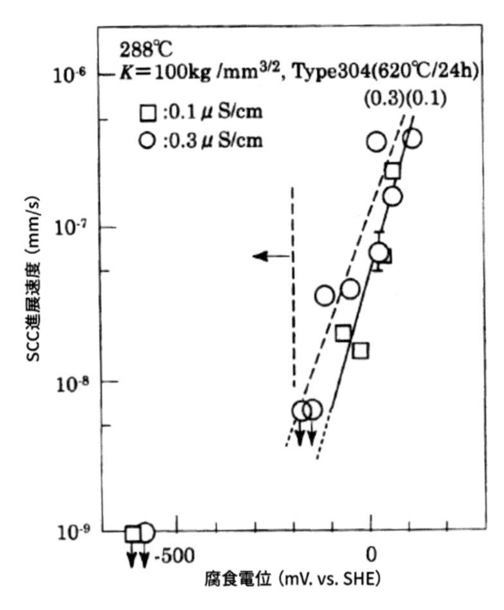

図 2.13　BWR 環境でのき裂進展速度と腐食電位（[42] より転載）

のが明確にわかる [42]。電位を下げるためには溶存酸素濃度を下げれば良いのだが，元々かなり低いレベルで維持しているので，積極的に電位を下げるための還元物質が必要であり，その為の還元物質として水素ガスを注入すること等が進められている。

BWR では冷却水で蒸気を発生させるので，水素ガスを多く注入しても蒸気中に逃げ出すことや高い放射能を有する ^{16}N がアンモニアを生成しタービン系の線量が高くなる懸念もあり，水素ガスを冷却水に添加できる量は限られている。

一方，PWR の 1 次冷却水は加圧するが沸騰させるわけではないので，比較的高濃度の水素ガスを溶存させることができる。そのため BWR より電位が低い条件で運転され，ステンレス鋼のトラブルは少ない。しかし，PWR において最も腐食が懸念される蒸気発生器は耐食性の観点から 600 系 Ni 基合金が使用されていたが，SCC によるトラブルが多く報告されたため，最近ではより耐食性に優れた 690 系 Ni 基合金に変更している。また，PWR では 1 次冷却水への水素ガス添加が行われているが，あまり高濃度の水素ガス添加は Ni 基合金の SCC を加速するという報告もあり，最適な水素量が存在することも報告されている [43, 44]。

BWR や PWR 環境における腐食研究を行うためには，高温・高圧の条件下での電気化学的なデータ（特に電位）の取得が必要になる。しかしながら，常温で使用する目的で市販されている参照電極は高温水中では通常使えない。そのため特殊な構造の電極が必要であり，その内容は杉本の解説に詳しく示されている [45]。また，電極材料も溶解し難い半導体電極を使うことが検討されている。図 2.14 は，イットリウム安定ジルコニア (YSZ) を用いて少量の電解質 (Na_2SO_4) を含む溶液中で SUS304 鋼の分極曲線を測定した結果である [46]。473 K, 523 K, 563 K (200 ℃, 250 ℃, 290 ℃) の高温でのアノード分極曲線が精度よく測定できている。

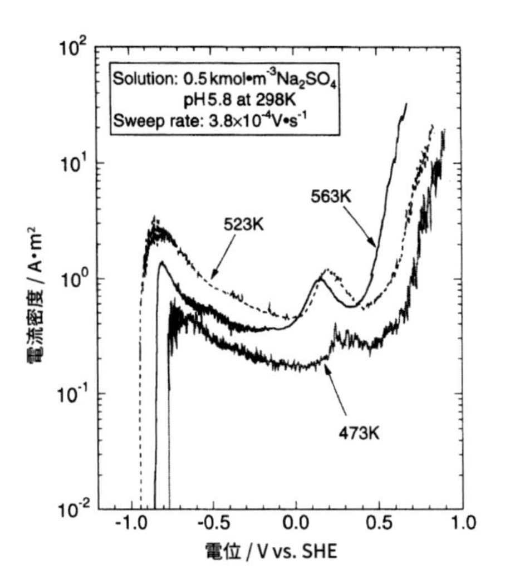

図 2.14　高温高圧水中での分極曲線の例（[46] より転載）

なお，BWR の冷却水のような電解質をほとんど含まない低い導電率の溶液では分極曲線を測定することは非常に難しいのだが，工夫をすれば取ることができる。橘らが示した参照電極を試料にできるだけ近づけて測定する手法では，ステンレス鋼のアノード分極曲線を測定した結果，活性態のピークや不働態域，並びに過不働態域が明確に表れているグラフが得られている [47]。

2.9　大気腐食

金属材料が屋外で使用されることは非常に多くある。例えば，道路や鉄道用の橋梁には鋼か鉄筋コンクリートが使われている。鋼は多くの場合塗装や亜鉛メッキで防食されており，公園，道路などの照明柱や交差点の信号柱，高圧送電線用の鉄塔，携帯電話用のアンテナ基地局などのほとんどに，亜鉛メッキされた鋼材が使われている。また，一部には耐候性鋼と呼ばれる大気腐食環境で特殊な防食を施さずに使用可能な鋼材が使われている。

屋外で使用される金属材料は当然風雨に晒され，大気環境に存在する腐食性物質により腐食する。この腐食現象を大気腐食 (Atmospheric Corrosion) と呼ぶ。大気腐食の研究はかなり古くより実施されてきていて、その主体は鉄や亜鉛メッキ鋼鈑などの試験片を屋外に並べ，定期的に取り込んで試験片の重量減少量から腐食速度を評価する暴露試験で行われてきた (図 2.15)。わが国では民間企業を中心に各地で行われてきたが，1970 年に日本ウェザリングテストセンターが設立され，国内の標準的な大気腐食データの取得を継続している [48]。わが国の大気腐食研究では，塗装をしなくても屋外で使える『耐候性鋼』に関する研究が多く，海岸から離れた場所では優れた耐食性能を示すことやそのメカニズムについて示されている [49-51]。

図 2.15　金属試験片を屋外に並べて腐食速度を評価する暴露試験

大気腐食と言っても大気の成分（特に酸素）で腐食する訳ではない。古くは雨に濡れることで腐食すると考えられていたが，実際には建物の軒下で雨が降りつけない部分でも激しく腐食する。その現象を確かめるため，雨に濡れる通常の暴露試験と雨に濡れない条件での暴露試験を実施して腐食量を比較した (図 2.16)。図中 a) は試験装置のイメージ，b) は国内数か所で暴露した炭素鋼の腐食量の試験結果で，JIS ガーゼ法 [52] で測定した海から飛来する海水の飛沫粒子（飛来海塩粒子量）を横軸にしてプロットした図である。飛来海塩粒子量が多いほど雨がかからない条件で行った試験での腐食量が増加することが分かる [53]。すなわち，雨ではなく結露による水膜が腐食を進行させることが明らかにされてきた [54, 55]。ま

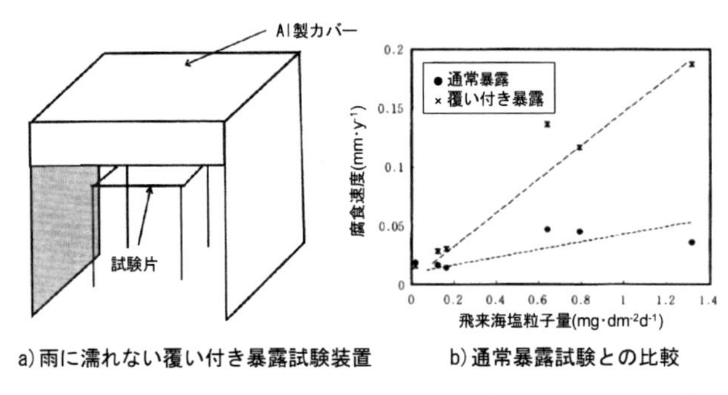

a) 雨に濡れない覆い付き暴露試験装置　　b) 通常暴露試験との比較

図 2.16　雨に濡れない暴露試験装置と通常暴露試験との比較

た，海岸からの距離と腐食量にも関係があることが知られている。これは飛来海塩粒子量が大きく影響するからである。海塩粒子は金属の表面に結晶状の形態で付着し，湿度の上昇に伴い吸湿して液滴状になることが示されている [56]。この吸湿した液滴が大気腐食に大きく関与すると考えられているため，腐食においては大気中の水分が金属表面で液滴になる（結露）現象が重要である。

ここで，純水の温度と飽和水蒸気圧の関係を図 2.17 と表 2.3 に示す。図 2.17 で示すように，水の飽和水蒸気圧は温度と共に急激に上昇して 100 ℃で大気圧と同じになる。相対湿度 (RH; Relative Humidity) は，ある温度での空気中の水蒸気の分圧と飽和水蒸気圧の比率 (%) で示される[8]。例えば，水蒸気分圧が 2 kPa であった場合，25 ℃の温度では相対湿度は約 67 % (2.0/3.17≒0.67) となるが，同じ水蒸気分圧で温度が 30 ℃の場合には相対湿度は 47 % (2.0/4.25≒0.47) となる。また，水蒸気分圧と飽和水蒸気圧が等しい場合は相対湿度 100 % の状態であり，このときの温度を露点という。氷水を入れたコップの周りが結露するのは，周辺の空気が露点まで温度が下げられたためである。通常，相対湿度が 100 % になることはなく，梅雨の時期でも 70- 80 % 程度である。

8　相対湿度は，最近では時計やクーラーなどにも表示されるので身近な存在になったが，これらは高分子膜センサーで測定していて数%の誤差を含んでいる。気象データなど正確な測定には乾いた球と濡れた球の温度差から計算する乾湿球湿度計が用いられることが多い。

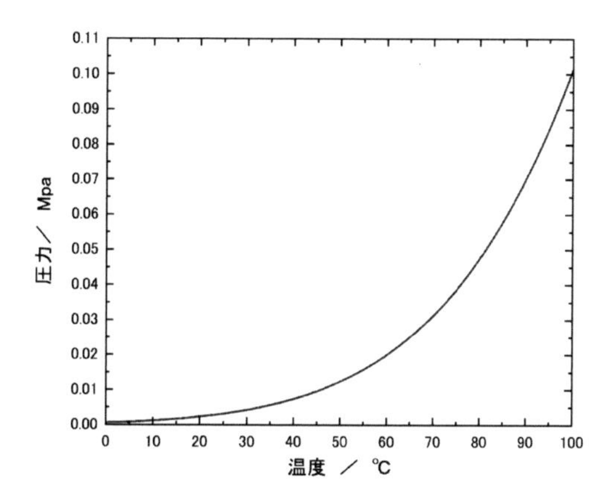

図 2.17 純水の温度と飽和水蒸気圧の関係 (1)([57])

表 2.3 純水の温度と飽和水蒸気圧の関係 (2)([57] より抜粋)

温度 / ℃	Mpa	気圧 /atm
0	0.00061	0.006
5	0.00087	0.009
10	0.00123	0.012
15	0.00171	0.017
20	0.00234	0.023
25	0.00317	0.031
30	0.00425	0.042
35	0.00563	0.056
40	0.00738	0.073
45	0.0096	0.095
50	0.01235	0.122
55	0.01576	0.155
60	0.01995	0.197
65	0.02504	0.247
70	0.0312	0.308
75	0.0386	0.381
80	0.04741	0.468
85	0.05787	0.571
90	0.07018	0.692
95	0.08461	0.834
100	0.10142	1

湿度が 100 % で純水の水蒸気は結露するが，海塩粒子が付着した表面では相対湿度 70 % でも結露する。これは，化学物質が溶けた溶液では水の化学ポテンシャルが下がることにより飽和水蒸気圧が下がるためである。塩化カルシウムや塩化マグネシウムは溶液状態での飽和水蒸気圧を大きく下げるので，これらの塩の固体が表面に存在すると水蒸気は結露して液体の塩の水溶液になる。

ところで，気体と液体中での水の平衡が成り立っているとすると，空気中の水の活量係数 ($a_{G(H_2O)}$) と水溶液中の水の活量係数 ($a_{L(H_2O)}$) は等しくなる（式 (2.7)）。また，相対湿度はその温度の飽和水蒸気圧 ($P^0_{H_2O}$) と実際の空気中の水蒸気分圧 (P_{H_2O}) の比になり、これは空気中の水蒸気の活量と等しくなる（式 (2.8)）[58, 59]。2 つの式の関係より，式 (2.9) が得られる。この式は溶液中の H_2O の活量が相対湿度と同じになることを示している。

$$a_{G(H_2O)} = a_{L(H_2O)} \tag{2.7}$$

$$a_{G(H_2O)} = \frac{P_{H_2O}}{P^0_{H_2O}} = \frac{\mathrm{RH}\,(\%)}{100} \tag{2.8}$$

$$a_{L(H_2O)} = \frac{\mathrm{RH}\,(\%)}{100} \tag{2.9}$$

表 2.2 で海水の主な成分を示したが，その中でも濃度が濃い Na, Mg, Cl で海塩粒子が構成されていると仮定して，NaCl- $MgCl_2$- H_2 系の飽和溶解度曲線と水の等活量線を図 2.18 に描いた [58]。図中白丸（○）で示した点は，NaCl-$MgCl_2$ の混合溶液を用いて得られた飽和蒸気圧の実測値であり，それらを内挿近似した線を実線で示す。この線が Na-Mg-Cl 系における飽和溶解度曲線になる。また，図中の破線は水 (H_2O) の等活量線で，Tan の計算 [60] や武藤らの実験 [61] により以下のように求められる。

水の活量が一定の条件では，m_0 を単独溶液での重量モル濃度，m を混合溶液での各成分のモル濃度として，式 (2.10) が成り立つ。それぞれの単独溶液における同じ水の活量を示す濃度 (m_0) が分かれば，混合溶液では両者を結んだ直線が等活量線となる。

$$\frac{m_{(\mathrm{NaCl})}}{m_{0(\mathrm{NaCl})}} + \frac{m_{(\mathrm{MgCl_2})}}{m_{0(\mathrm{MgCl_2})}} = 1 \tag{2.10}$$

この計算結果より計算した水の活量を図中の数字で示し、その時の等活量線を破線で示す。また，1点鎖線は海水相当の $MgCl_2$/NaCl の組成を示している。図中の黒丸は海水成分が飽和濃度になる点であり，水の活量として 0.75 強、すなわち相対湿度 75 % 程度で結露して飽和溶液になる。それよりも相対湿度が低くなると NaCl 濃度は溶解度を超えるが，$MgCl_2$ は 5 mol/kg 以上まで溶解するので、少量に NaCl を含む $MgCl_2$ の濃厚な溶液として低い相対湿度まで存在することが示される。

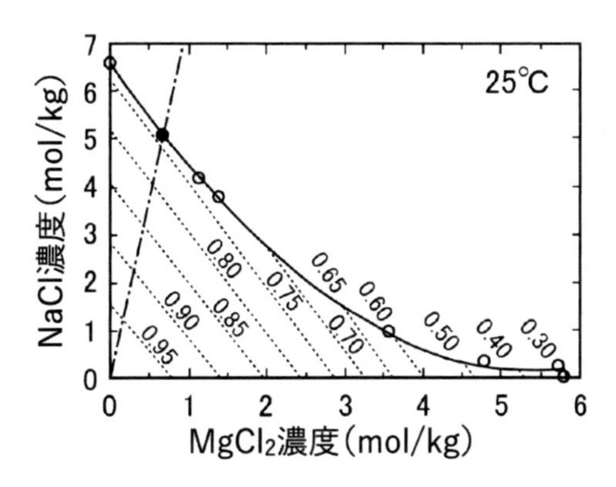

図 2.18　NaCl⁻ $MgCl_2$- H_2 系の飽和溶解度曲線と水の等活量線 [58]

この図を使って計算すると，金属表面に付着した海塩粒子量と相対湿度をパラメータとして，金属表面にできる水膜厚さが分かる。図 2.19 は異なる海塩付着量での相対湿度と水膜厚さの関係を示したものである [62]。相対湿度 75 %を超えたところで不連続になるのは，75 %以下の相対湿度では $MgCl_2$ が主として結露を起こすが，75 %以上の相対湿度では NaCl が結露を起こすためである。図 2.19 から，相対湿度 30 %でも $MgCl_2$ を溶解した水膜が存在していることが分かる。つまり，海塩粒子が付着した金属表面では相当低い相対湿度でも結露が起きている，すなわち濡れていることが分かる。

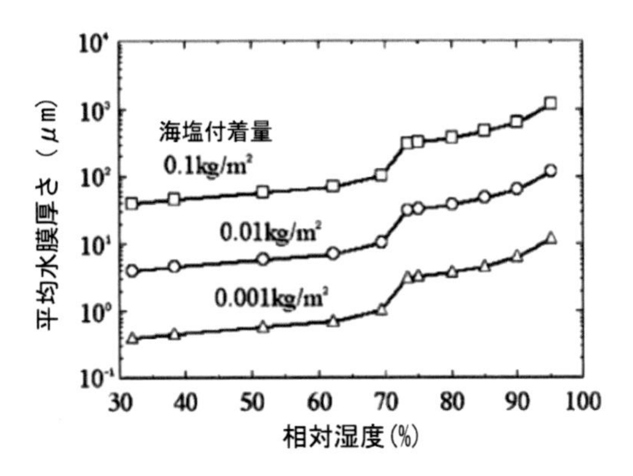

図 2.19　海塩粒子の付着量と水膜厚さの関係 [62]

水膜の厚さは腐食速度に影響を与える。図 2.20 に水膜厚さと鉄の腐食速度の関係を示す [63]。ただし，ここでの水膜厚さは図 2.19 の関係から推定したものである。図 2.20 から，水膜厚さが 10〜100 μm のところで腐食速度の極大値を持つことが分かる。これは水膜厚さの増加により腐食反応速度が上昇していくが，100 μm を超えると溶存酸素の拡散が律速となり一定値になるためである。

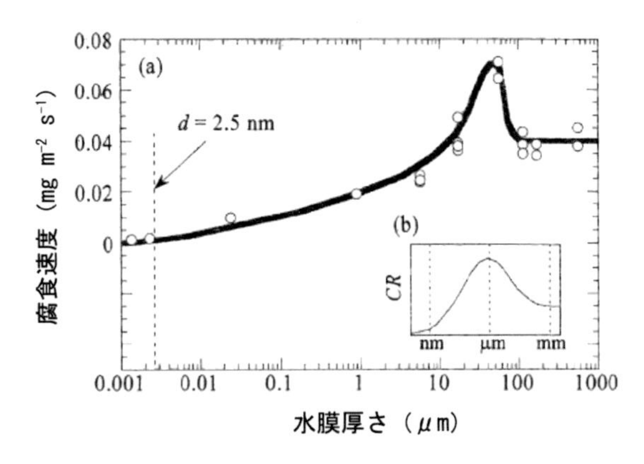

図 2.20　水膜厚さと鉄の腐食速度との関係（[63] より転載）

図中 (b) には，Tomashov が示した水膜厚さと腐食速度の関係を示し

た [64]。この図は概念的な図であるが，実際の実験値と傾向が合っている。一方で，ピーク位置での腐食速度については報告間で数倍の違いもある [63, 65]。それほど微妙な環境での腐食データの測定結果ということが言える。

参考文献

[1]　『材料環境学入門』（腐食防食協会 編），p.27，丸善出版 (1993).

[2]　水流徹：『腐食の電気化学と測定法』，p.163，丸善出版 (2017).

[3]　板垣昌幸：『電気化学インピーダンス法　原理・測定解析』，丸善出版 (2008).

[4]　星芳直，板垣昌幸：材料と環境，67, pp.55-58 (2018).

[5]　『金属の腐食・防食 Q&A　電気化学入門編』（腐食防食協会 編），p.82, 156，丸善出版 (2002).

[6]　J.F.C. Telles, W.J. Mansur, L.C. Wrbel, M.G. Marinho: *Corrosion*, 46,pp.513-518 (1990).

[7]　原信義：材料と環境，59, pp.212-218 (2010).

[8]　伊藤伍郎：『腐食科学と防食技術』，p.187，コロナ社 (1969).

[9]　岡本剛：日本金属学会報，1, pp.505-519 (1962).

[10]　佐藤教男：『電極化学（下）』，p.391，日鉄技術情報センター (1994).

[11]　L. Wang, S. Voyshnis, A. Seyeux, P. Marcus: *Corrion Science*, 173, 108779 (2020).

[12]　大塚俊明，安部雅俊，上田幹人：材料と環境 2016,B-301 (2016).

[13]　久松敬弘：防蝕技術，21 (11), pp.504-512 (1972).

[14]　八代仁，藤原英治，熊谷直昭，馬渕勝美：材料と環境，50, pp.460-465 (2001).

[15]　吉井紹泰，久松敬弘：日本金属学会誌，36, pp.750-759 (1972).

[16]　八代仁，野呂亙，丹野和夫：材料と環境, pp.422-427 (1994).

[17]　鈴木紹夫，北村義治：防蝕技術，17, p.535 (1968).

[18]　T. Li, J. Wu, G.S. Frankel: *Corrosion Science*, 182, 109227 (2021).

[19]　I. Muto, Y. izumiyama, N. Hara: *J. Electrochem. Soc*, 154, C439-C444 (2007).

[20]　A. Chiba, I. Muto, Y. Sugawara, N. Hara: *J. Electrochem. Soc*, 160, C511-520 (2013).

[21]　辻川茂男，柏瀬正晴，玉置克臣，久松敬弘：防食技術，30, pp.62-69 (1981).

[22]　『腐食防食ハンドブック CD-ROM 版』（腐食防食協会 編），II-2-7，丸善出版 (2005).

[23]　T. Aoyama, Y. Sugawara, I. Muto, N. Hara: *J. Electrochem. Soc.*, 166, C250 (2019).

[24]　小川洋之，伊藤功，中田潮雄，細井祐三，岡田秀彌：鉄と鋼，66, pp.1385-1394 (1980).

[25]　S. Tsujikawa, Y. Sone, Y. Hasamatsu: Proc conf. NPL Oct 1-3 (1984).

[26]　佐藤教男：『電極化学（下）』，p.435，日鉄技術情報センター (1994).

[27] 篠原正，辻川茂男，増子昇：防蝕技術，39, pp.238-246 (1990).

[28] 青木聡，名田有史，酒井潤一：材料と環境,64, pp.366-372 (2015).

[29] 松橋亮，野瀬清美，松岡和巳，梶村治彦，伊藤公夫：材料と環境，65, pp.143-148 (2016).

[30] 松橋亮，野瀬清美，松岡和巳，梶村治彦：材料と環境，65, pp.307-313 (2016).

[31] 『腐食防食ハンドブック CD-ROM 版』（腐食防食協会 編），III-1，丸善出版 (2005).

[32] C.P. Larrabee; *Corrosion* Vol.14, pp.501-504 (1958).

[33] 『海洋構造物の防食 Q&A』（鋼材倶楽部 編），p.13，技報堂出版 (2001).

[34] M. Yamamoto, A. Nogami, J. Torii, A. Matsuoka: *ISIJ International*, 37 (7), pp.691-696 (1997).

[35] H. A. Humble; *Corrosion*, 5, pp.293-302 (1945).

[36] 松岡和巳，山本正弘，五戸清美：材料と環境，56, pp.99-105 (2007).

[37] 山谷弥太郎，川上誠：防錆管理 1990-10, pp378-388 (1990).

[38] 松岡和巳，塩谷千歳，杉本廣県，麓稔，山田通政：材料と環境, 47, pp.494-500 (1998).

[39] 『電位学会大学講座；エネルギー基礎論』（電気学会 編），p.110，オーム社 (2005).

[40] 日本原子力文化財団「原子力・エネルギー図面集」
https://www.ene100.jp/zumen（2022 年 9 月 2 日参照）

[41] 山本正弘 他：JAEA-Review 2012-007 (2012).

[42] 鈴木俊一：材料と環境, 48, pp.753-762 (1999).

[43] 高松洋：材料と環境, 48, pp.763-770 (1999).

[44] P. L. Andresen, J. Hicking, A. Ahluwalia, J. Wilson: Corrosion, 64, pp.707-720 (2006).

[45] 杉本克久：防蝕技術, 29, pp.521-533 (1980).

[46] 藤木泰史，相馬才晃，赤尾昇，原信義，杉本克久：材料と環境，47, pp.528-533 (1998).

[47] M. Tachibana, K. Ishida, Y. Wada, M. Aizawa, M. Fuse: *J. Nucl. Sci. & Technol.*, 46, pp.132-141 (2009).

[48] 日本ウェザリングエストセンター
http://www.jwtc.or.jp/（2022 年 9 月 2 日参照）

[49] 小玉俊明：材料と環境, 49, pp.3-9 (2000).

[50] 三澤俊平：材料と環境, 50, pp.538-545 (2001).

[51] 山本正弘，小玉俊明：ふぇらむ, 4, 155-162(1999).

[52] 外川靖人：JIS Z 2382「大気環境の腐食性を評価するための環境因子の測定」(1998).

[53] 山本正弘：防錆管理, 1999-9,p1(1999).

[54] 山本正弘，紀平寛，宇佐美明，田辺康二，増田一広，都築岳史：鉄と鋼, 84, pp.194-199 (1998).

[55] 篠原正：材料と環境，64, pp.26-33 (2015).

[56] 山本正弘，升田博之，小玉俊明：材料と環境, 48, pp.633-638 (1999).

[57]『化学便覧（基礎編）改訂 6 版』（日本化学会 編），丸善出版 (2021).

[58] 片山英樹，野田和彦，山本正弘，小玉俊明：日本金属学会誌，65, pp.298-302 (2001).

[59] H. Majima and Y.Awakura: *Bull.Japan Inst. Metals* 29 , pp.449–452 (1990).

[60] I. N. Tang: *J. Aerosol Sci.*, 7, pp.361-371 (1976).

[61] 武藤泉，杉本克久：材料と環境，47, pp.519-527 (1998).

[62] 片山英樹，山本正弘：防錆管理 2001-10, pp.1-7 (2001).

[63] 細谷雄司，篠原正，押川渡，元田慎一：材料と環境，54, pp.391-395 (2005).

[64] N. D. Tomashov: "Theory of Corrosion Protectionof Metals", p.367, Mcmillan (1966).

[65] 山下正人，長野博夫：日本金属学会誌，61, pp.721-726 (1997).

第3章

腐食現象のマルチフィジックス計算

本章では，腐食現象をマルチフィジックス計算で解析する方法を説明する。まずはマルチフィジックス計算そのものの手法を概説し，マルチフィジックス計算を用いた具体的な解析方法について，簡単な例題で説明する。

計算手法を中心に分かりやすく説明しているので，現実の腐食現象とは少し異なる条件設定をしていることもあるが，計算方法の理解を目的に説明する。

3.1 マルチフィジックス計算

腐食問題を数値解析するためには，電極反応速度，溶液中での拡散泳動，溶液内での化学反応などを組み合わせて解析する必要がある。これらはそれぞれ異なる物理現象であり，別の支配方程式[1]で表現される現象である。それらを組み合わせるためには特殊な計算機処理が必要であり，それを解決するのがマルチフィジックスである。マルチフィジックスの定義は少しあいまいであるが，ここでは複数の物理モデルを組み合わせて解析する数値シミュレーションとして理解する。流動と力の問題や通信などの分野で，既に数多くの利用例があるが，腐食の分野ではまだ報告例の数はそれほど多くない。

実際に腐食問題の電極反応速度と溶液内の拡散泳動を組み合わせて解くプログラムを一から作成することは相当な労力を必要とするが，最近はいくつかのツールが販売されている。そこで，腐食をマルチフィジックスで取扱うための手法について，著者が関わってきた経験を元に初めての人でも使えるように簡単に説明していく。実際の計算例は第 4 章でいくつか示すが，ここでは，計算をするための個別の手法や系の取り扱い方について説明する。例題の解析では COMSOL Multiphysics[2]を使ったが，他のツールでも使用可能なように，説明はできるだけ一般的な内容にとどめておく。

3.1.1 数値解析の必要性

腐食問題でよく使われる支配方程式に，拡散方程式 (3.1) がある。これは，溶液中の溶存酸素の拡散や，コンクリートや土中の塩化物イオンの拡散などの計算に用いられることが多い。

$$\frac{\partial c}{\partial t} - D\frac{\partial^2 c}{\partial x^2} = 0 \tag{3.1}$$

ここで，c は解析対象の化学種の濃度，D はその拡散係数である。この式

1　基礎方程式 (Governing Equation) ともいう。

2　COMSOL 社が開発・販売しているマルチフィジックスソフトウェア
https://www.comsol.jp/comsol-multiphysics

は典型的な偏微分方程式 (PDE; Partial Differential Equation) であるが，腐食問題で解く必要のある支配方程式は，ほとんどがこのような偏微分方程式の形になっている。

ところで，式 (3.1) は 1 次元の問題として，x=0 から x=L の間で両端の値が分かっている時には，代数方程式の解（解析解）として式 (3.2) の結果が得られる。

$$c\,(x,t) = c^{\alpha}\frac{2}{\sqrt{\pi}}\int_0^s \exp\left(-y^2\right)dy,\quad s = \frac{x}{2\sqrt{Dt}} \tag{3.2}$$

ここで，$x=0$ において $c=0$，$x=\mathrm{L}$ において $c=c^{\alpha}$ とした。式 (3.2) の積分の部分はガウスの誤差関数 (Error Function) と呼ばれる式である。名前は知らなくても，正規分布の累積分布確率を示す式と同じと言えば，少しはなじみがあるだろう。

式 (3.2) の拡散係数を $D=2.0\times10^{-5}$ (cm^2/s)，x を 0 から 2 mm まで，時間を 0 から 100 sec までとして計算した結果を図 3.1 に示す。この例のように，偏微分方程式の式の変形と積分を行うことで求める関数の値が分かる（解析解が存在する）ことは，非常にまれなケースである。しかしながら，この例で示す 1 次元の解では溶液内部での状況がよく分からないので，2 次元や 3 次元での解析結果が欲しい場合には解析解は得られない。

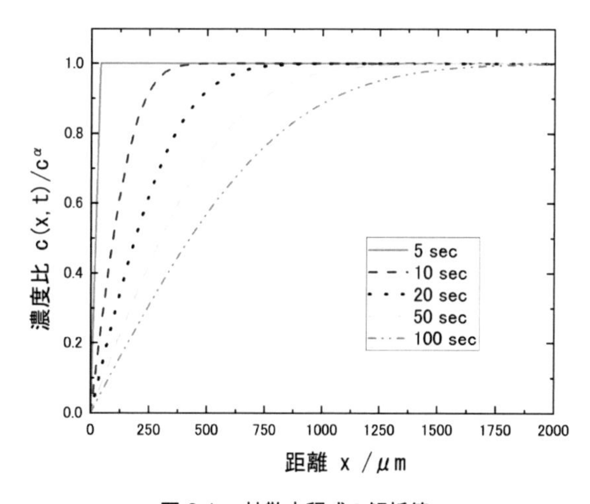

図 3.1　拡散方程式の解析値

さらに腐食問題では，溶液内の電位分布や溶液中の電流の流れを解析したい。その場合は，溶液中の電位分布解析や溶液中の拡散泳動の支配方程式であるラプラス (Laplace) の式（式 (3.3)）や，その積分系である式 (3.4) の解を求める。

$$\frac{\partial^2}{\partial x^2}\phi_1(x) = 0 \tag{3.3}$$

$$i_1 = -\sigma_1 \frac{\partial}{\partial x}\phi_1(x) \tag{3.4}$$

ここで，$\phi_1(x)$ は溶液中の電位，σ_1 は溶液の導電率，i_1 は溶液内の電流の流れである。変数 x は 2 次元・3 次元問題ではベクトルである。

電位分布が分かれば，溶液内のイオンや化学種の移動の計算も可能である。その際の支配方程式は，式 (3.5) のネルンスト-プランク (Nernst-Planck) の式で示される。

$$\frac{\partial c_i}{\partial t} = D_i \frac{\partial^2 c_i}{\partial x^2} + z_i m_i F c_i \frac{\partial^2 \phi_1(x)}{\partial x^2} \tag{3.5}$$

ここで，c_i は化学種 i の濃度，D_i は拡散係数，z_i はイオンの場合の電荷，m_i はイオンの移動度，$\phi_1(x)$ は溶液中の電位である。

このように，解析したい支配方程式は分かっているものの，その解はなかなか求められない場合が多く，コンピュータの力を借りて数字で答えを導き出すこと（数値解析）が必要となる。これらの問題をコンピュータで処理する方法はいくつかあるが、ここではパーソナルコンピュータ (PC) で実施できる比較的小さなサイズで、かつある程度の精度が得られる有限要素法 (FEM) を用いた計算について説明する。

3.1.2　有限要素法 (FEM) を用いた数値解析

有限要素法 (FEM: Finite Element Method) は偏微分方程式の解を求めるには有効な計算方法で，COMSOL Multiphysics でも用いている。本節では FEM による計算方法をごく簡単に説明する。より詳細な計算手法について知りたい方は，参考書籍などを確認願いたい [1- 4]。

FEM では，解析空間の座標を小さな要素 (element) に分割し，その要素ごとに求めたい関数の近似値を解析していく。簡単な説明のために，電解槽の中の電位と電流分布を，ラプラスの式 (3.3) により 1 次元でかつ長さが均一な要素で解析する例を考える。実際の計算結果は有限要素法で解くまでもない直線的な関係となるのだが，計算の手続きが理解しやすいようにあえて簡単な計算を記載する。

溶液内の電位を $\phi(x)$，流れる電流を i とする。図 3.2 は電極からの距離に対して横 (x 軸) 方向に n 個の要素に分割した図である。図中 x_0 から x_n は節点 (node) と呼ばれる区分点で，隣の要素との境界でもある。x_0 から x_n までに $\phi(x)$ の連続した線を引いている。この $\phi(\mathrm{x})$ が求める関数であり連続関数である。数値計算では連続関数を数字の列（数列）として近似する。この場合は ϕ_0 から ϕ_n の n+1 個の数列 ϕ_i を求めることになる。通常の FEM 計算では要素の分割幅は自由に選定できるが，ここでは説明を簡単にするために要素幅は等間隔で Δ とし，x_0 の時の電位を $\phi_0 = V_0$，x_n で $\phi_n = V_n$ とする。

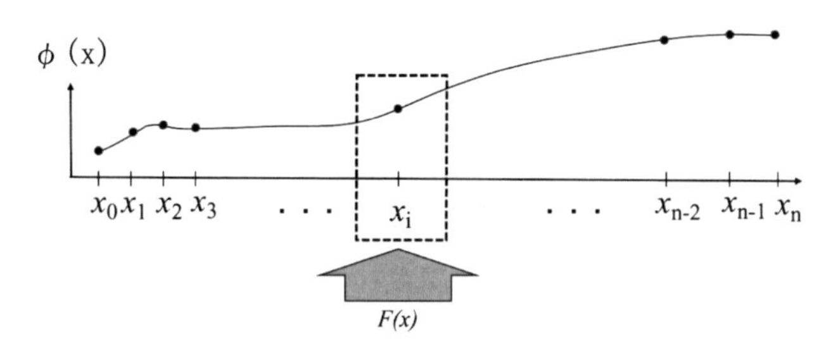

図 3.2　1 次元の要素

要素の個々の計算（要素方程式）の求め方を示すため，図 3.2 中の点線で囲んだ部分を拡大して図 3.3 に示す。図中の x_i から x_{i+1} が一つの要素である。有限要素法では要素の端点を接点と呼び，それぞれ周辺要素の接点と重なっている。図 3.3 は 1 次元要素で示した図であるので，x_i と x_{i+1} の 2 点で周辺要素と接している。2 次元解析の場合には，3 角形要素を用いると 3 点で，4 角形要素を用いると 4 点で，周辺要素と接することになる。

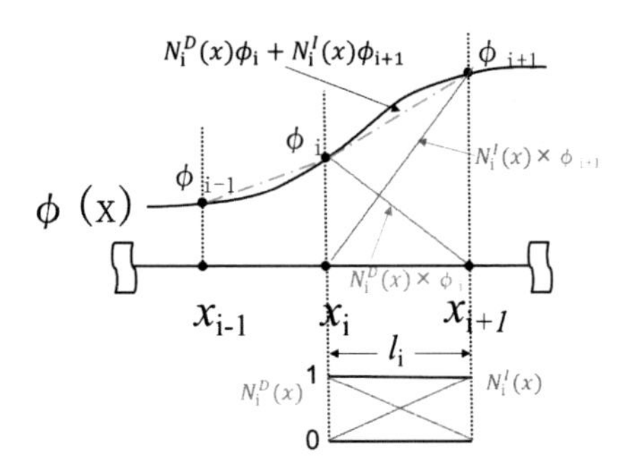

図 3.3　1 次元要素の部分拡大図

まず，要素 i について，節点 x_i と x_{i+1} を用いて，式 (3.6) のように $N_i^D(x)$ と $N_i^I(x)$ を作る。

$$N_i^D(x) = \frac{x_{i+1} - x}{x_{i+1} - x_i}, N_i^I(x) = \frac{x - x_i}{x_{i+1} - x_i} \tag{3.6}$$

これを補間関数といい，図 3.3 中の下側の四角で示したものである。図中の ϕ_i と ϕ_{i+1} とを結んだ一点鎖線で近似した関数 $\widetilde{\phi_i}(x)$ は，式 (3.6) を用いて式 (3.7) で示される。

$$\widetilde{\phi_i}(x) = N_i^D(x)\cdot\phi_i + N_i^I(x)\cdot\phi_{i+1} \tag{3.7}$$

図では実際の関数を節点間で近似した直線で示しており，近似関数と呼ぶ。$\phi(x)$ の近似関数はこれを 1 から n まで足し合わせたもので，式 (3.8) で示される。

$$\tilde{\phi}(x) = \sum_{n=0}^{n-1}\left(N_i^D(x)\cdot\phi_i + N_i^I(x)\cdot\phi_{i+1}\right) \tag{3.8}$$

実際に求めたい $\phi(x)$ は式 (3.9) に示したラプラスの式で示され，

$$\frac{\partial^2}{\partial x^2}\phi(x) = 0 \tag{3.9}$$

であるが，$\tilde{\phi}(x)$ を式 (3.9) に代入すると，近似式であるために差異が生じる。その残差を $R(\phi_i, x)$ とすると，

$$\frac{\partial^2}{\partial x^2}\tilde{\phi}(x) = R(\phi_{\mathrm{i}}, x) \tag{3.10}$$

となる。Rを0に近づければ$\tilde{\phi}(x) \fallingdotseq \phi(x)$となるが，そのための方法として$R$に重み関数$\omega_{\mathrm{i}}$をかけて積分した形（式(3.11)）を0にすることを考える。

$$\int_{\omega} R \cdot \omega_{\mathrm{i}} \cdot d\omega = 0, \mathrm{i} = 0, 1 \cdots, \mathrm{n}-1 \tag{3.11}$$

この時の重み関数に式(3.4)の補間関数を用いる手法がガラーキン(Galerkin)法であり，多くのFEM解析で用いられている解法である。

重み関数に補間関数を入れると，式(3.11)は1つの要素について，

$$\int_{x_{\mathrm{i}}}^{x_{\mathrm{i}+1}} \frac{d^2}{dx^2}\widetilde{\phi_{\mathrm{i}}}(x)\, N_{\mathrm{i}}^{D}(x)\, dx = 0, \int_{x_{\mathrm{i}}}^{x_{\mathrm{i}+1}} \frac{d^2}{dx^2}\widetilde{\phi_{\mathrm{i}}}(x)\, N_{\mathrm{i}}^{I}(x)\, dx = 0 \tag{3.12}$$

と表される。ここで，部分積分の公式(3.13)に従って式(3.12)を変形すると，式(3.14)が得られる。

$$\int_{a}^{b} f(x)\, g'(x)\, dx = f(x)\, g(x) \mid_{z}^{b} - \int_{a}^{b} f'(x)\, G(x)\, dx \tag{3.13}$$

$$\begin{cases} \displaystyle\int_{x_{\mathrm{i}}}^{x_{\mathrm{i}+1}} \frac{d}{dx}\widetilde{\phi_{\mathrm{i}}}(x) \cdot \frac{d}{dx}N_{\mathrm{i}}^{D}(x)\, dx = -\frac{d}{dx}\widetilde{\phi_{\mathrm{i}}}(x_{\mathrm{i}}) \\ \displaystyle\int_{x_{\mathrm{i}}}^{x_{\mathrm{i}+1}} \frac{d}{dx}\widetilde{\phi_{\mathrm{i}}}(x) \cdot \frac{d}{dx}N_{\mathrm{i}}^{I}(x)\, dx = \frac{d}{dx}\widetilde{\phi_{\mathrm{i}}}(x_{\mathrm{i}+1}) \end{cases} \tag{3.14}$$

式(3.14)の左辺は図3.3の値を用いて計算でき，$\Delta = x_{\mathrm{i}+1} - x_{\mathrm{i}}$とすると，

$$\frac{1}{\Delta}(\phi_{\mathrm{i}} - \phi_{\mathrm{i}+1}) = -\frac{d}{dx}\widetilde{\phi_{\mathrm{i}}}(x_{\mathrm{i}}), \frac{1}{\Delta}(\phi_{\mathrm{i}+1} - \phi_{\mathrm{i}}) = \frac{d}{dx}\widetilde{\phi_{\mathrm{i}}}(x_{\mathrm{i}+1}) \tag{3.15}$$

となり，行列計算の書式にすると，

$$\frac{1}{\Delta}\begin{pmatrix} 1 & -1 \\ -1 & 1 \end{pmatrix}\begin{pmatrix} \phi_{\mathrm{i}} \\ \phi_{\mathrm{i}+1} \end{pmatrix} = \begin{pmatrix} -\frac{d}{dx}\widetilde{\phi_{\mathrm{i}}}(x_{\mathrm{i}}) \\ \frac{d}{dx}\widetilde{\phi_{\mathrm{i}}}(x_{\mathrm{i}+1}) \end{pmatrix} \tag{3.16}$$

となる。これは 1 つの要素での方程式なので，全領域で計算するためには ϕ_0 から ϕ_n まで足し合わせていく。この時，$\phi_0=V_0$，$\phi_n=V_n$ であり，同じ節点の微係数が等しい $\frac{d}{dx}\widetilde{\phi_i}(x_i) = \frac{d}{dx}\widetilde{\phi_{i-1}}(x_i)$ として計算すると，式 (3.17) のような行列方程式となり，その中身は式 (3.18) となる。

$$K \cdot \phi = F \tag{3.17}$$

$$K = \begin{pmatrix} 2 & -1 & 0 & 0 & \cdots & 0 \\ -1 & 2 & -1 & 0 & \cdots & 0 \\ 0 & -1 & 2 & -1 & \cdots & 0 \\ \vdots & \vdots & \vdots & \vdots & & \vdots \\ \cdots & \cdots & \cdots & \cdots & & -1 \\ 0 & 0 & 0 & \cdots & -1 & 2 \end{pmatrix} \phi = \begin{pmatrix} \phi_1 \\ \phi_2 \\ \phi_3 \\ \\ \vdots \\ \\ \phi_{n-1} \end{pmatrix} F = \begin{pmatrix} V_1 \\ 0 \\ 0 \\ \\ \vdots \\ \\ V_n \end{pmatrix} \tag{3.18}$$

式 (3.17) から ϕ を求めるためには，K の逆行列 K^{-1} を求めて，

$$\phi = K^{-1} \cdot F \tag{3.17'}$$

を解けばよいことになる。実際の計算では，支配方程式が異なるため行列式や F ベクトル列の形式は違ってくるが，FEM 計算での基本的な解の求め方は変わらない。

ところで，式 (3.18) の K マトリックスは全節点数を行・列数とした非常に大きな行列であるが，対角成分の周辺だけに数値を持ちその他は 0 である疎な行列でもある。これは，隣り合った要素との関係式は考慮するが，離れた要素との影響は無視するという FEM の特徴による。その結果，要素数がかなり多くなっても計算機の計算コストを削減することができる。

また FEM では，1 次要素を使う場合には図 3.3 に示したように節点間での関数を直線的に近似するため，関数値の変化量が大きい場合にはそこの部分での計算誤差が大きくなる。そこで，そのような領域にはより細かな要素を用いることが計算の精度を上げることにつながる。ここでは説明を省くが，接点間の関数の次数を上げて解析精度を上げる方法もある。

ところで，支配方程式を解くためには必要な条件がある。今回の例では，両端の ϕ の値，すなわち電位を V_0 と V_n として設定したが，このよ

うな値の設定を境界条件と呼ぶ。この例のように値として与える境界条件をディリクレ境界条件と呼び，電気化学の問題では電位などを与えることになる。それとは異なり，例えば分極曲線のような関数として境界条件を与える場合のことをノイマン境界条件と呼ぶ。FEMの解を適切に得るためには，要素の設定の仕方や境界条件の与え方に注意して計算を実施することが極めて重要である。

3.1.3　2次元・3次元への展開

詳細な解析を行うためには，2次元や3次元空間での解析が必要であり，2次元・3次元空間での要素分割が必要である。ここで，非常に単純な2次元の電気化学セルをFEM計算することを考え，3.4節で示すFeとPtを電極とした電気化学セルを例として要素分割することを考える。計算に必要な領域は，四角い溶液中の左右に電極が存在し，その間の溶液中をイオン泳動による電流が流れる状態である。図3.4はこの領域をa)3角形要素とb)4角形要素で分割したものである。電極表面では電気化学反応が起きるため図の両端は細かな要素分割とし，溶液の中央部では未知数（ここでは電位）の変化量も少ないので少し大きめの要素に分割にする。

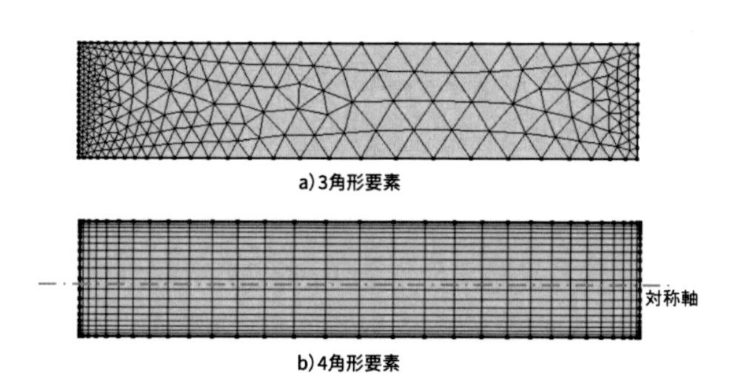

図3.4　2次元要素分割の例

要素を設定する操作は「メッシュを切る」と呼ばれ，要素に分割した結果はメッシュと呼ばれることが多い。図3.4a)では，計算に適するように電極表面のメッシュを切る際に分割幅を小さくしたために，異方性を伴うメッシュになっている。b)では要素の分割幅を等比数列で設定したために，図で示したような形状になっている。また，b) では，一点鎖線で示したラインで上下が対称系になっている。このような場合，一点鎖線を対称軸として上半分だけを計算しても結果は同じになるのでその分使用メモリが少なくて済み，計算時間も短縮できる。

3 次元の計算は形状が複雑になる分，どうしても計算時間がかかる。もし軸対称であるならば，2 次元軸対称モデルを使用すると計算時間が短くて済む。図 3.5 は鋼材表面の中央部に発生した楕円球状の孔食について 2 次元軸対称モデルでメッシュ生成を行い，電位分布を計算した例である。実際には 2 次元の計算しか行っていないにもかかわらず，3 次元的な結果として図示できる魅力がある。

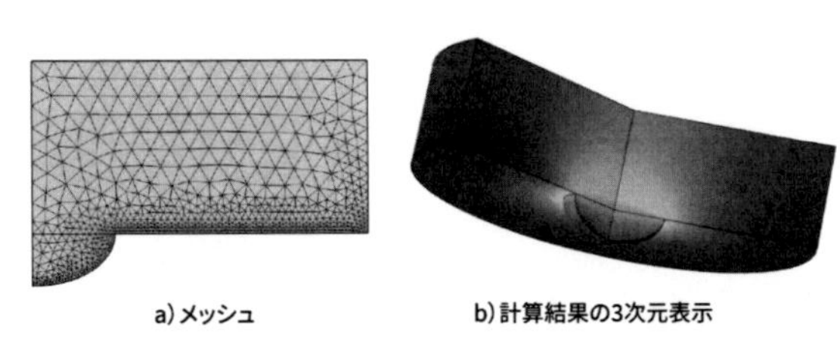

図 3.5　2 次元軸対称モデル，a) メッシュ，b) 計算結果の 3 次元表示

ただし，電気防食などの解析で構造が複雑な場合には，軸対称であっても 3 次元計算が必要なこともある。図 3.6 に，4 面体要素でメッシュ分割をした 3 次元モデルとその解析結果を示す。ここでもアノード部の表面近傍のメッシュサイズを小さくしているのは、この部分の電位と電流の変

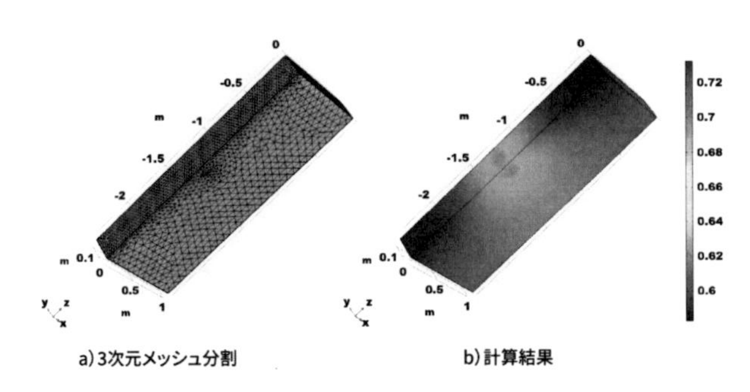

図 3.6　4 面体要素を用いた a)3 次元メッシュ分割，b) 計算結果

化が大きいと予測されるためである。

3.1.4　時間変化の解析

図 3.1 で示した拡散方程式の解析値では，x 方向の値と併せて時間の変化も関数として得られ，それを図示した。FEM では空間的な関数を要素方程式の集合として表現しているが，時間的な変化は空間的な FEM のみでは解析できない。そのため，FEM により得られた解を微小時間 (Δt) だけ進めて新たな FEM 解を得ることを繰り返すことで，時間の積分が可能である。この方法は陽的オイラー法と呼ばれ，時間変化の解析法として一般的に用いられている。

3.1.5　連成計算

マルチフィジックス計算は，２つ以上の支配方程式を組み合わせて解くことが特徴である。例えば腐食問題では，電位・電流分布を解析するラプラスの式と，化学種であるイオンや溶存酸素などの移動を解析するためのネルンスト-プランクの式を組み合わせる。

前項までで示したのは一つの支配方程式で表される現象の FEM 解析であったが，マルチフィジックス計算では，複数の支配方程式を組み合わせて解く連成解析が必要になる。連成解析には２つの支配方程式をまとめて１つの計算式として解く強連成と，それぞれの現象を個別の支配方程式により解き，データのやり取りを行いながら解析する弱連成がある。精度の差はあるが，ユーザーとして使いやすい方法は弱連成である。

先述のとおり，腐食問題ではラプラスの式とネルンスト-プランクの式を連成させたり，他にも電極反応と化学種の反応を組み合わせたりすることが必要である。また，電極反応で溶解した部位の変形挙動を解析する場合にも連成が必要になる。これらの連成に関しては，独自の解析プログラムを組むことは非常に難しいため，簡単に連成計算が可能なマルチフィジックス計算用のソフトウェアを使用することを推奨する。ただし，連成する手続きに関してはそれぞれのソフトウェアで独自に作り上げている部分もあり，その手法により解析結果が異なることも理解して使用すべきである。

3.2　電位電流分布の解析

腐食問題をマルチフィジックスで解析するには，溶液中の電流分布の解析が必須となる。COMSOL Multiphysics では 1 次電流分布 (Primary Current Distribution)，2 次電流分布 (Secondary Current Distribution)，3 次電流分布 (Tertiary Current Distribution) という用語が使われているので，簡単に説明する。この用語は，電解メッキなどでメッキ浴中の電流分布を表す表現として使われていて [5]，腐食反応においては使われることは少ない。

1 次電流分布：オームの法則による電圧降下のみを仮定したものである。
2 次電流分布：オームの法則と溶液中の電荷バランスを組み合わせて，電極での電流の出入りと電解質中の電流伝導をラプラスの式で表現したものである。電極表面の出入りは電極反応に相当するもので，バトラーボルマーの式，ターフェルの式などや，実際に測定された分極曲線を元に数値関数として設定することもできる。
3 次電流分布：2 次電流分布に加えて，電解質溶液中の化学種（イオン等）の拡散・泳動をネルンスト-プランクの式により組み合わせて解析したものである。

腐食問題の解析では，溶液中の電位と電流の分布が重要なデータであり，それを解くためには 2 次電流分布の解析が必須となる。また，この際に電極表面の反応を明確に記述することが必要である。なお，2 次電流分布では電極表面で生成したり消滅したりする化学種の変化や溶液中の移動などを解析することができない。そのため，腐食問題において化学種の移動も含めて解析するには，3 次電流分布の解析まで行うことが望ましい。

COMSOL Multiphysics では，3 次電流分布解析のメニューを選ぶと電位・電流の分布とイオン（化学種）の拡散・泳動を組み合わせて連成して一挙に計算する方法が設定されている。それとは別に，2 次電流分布である電位電流分布解析と，イオン種の拡散・泳動計算である希釈種輸送 (Transport of Diluted Species) を連成させて解析する方法も設定可能であり，両者は多くの場合ほぼ同じ結果が得られる。

3.3　シミュレーションのための電極反応

腐食反応のシミュレーションをマルチフィジックスにより解析するためには，電極表面を境界として解析可能なように条件設定を行う。具体的には，電極から溶液側に流れる電流値や電極の電位の設定である。また，第1章で示したように，電極反応は電位と電流の関係で示される。そのため腐食反応のシミュレーションでは，計算上の境界条件として，電極に電位と電流の関係式，すなわち分極曲線を設定する。

分極曲線には，バトラーボルマーの式 (3.19)，ターフェルの式（3.20a アノード，3.20b カソード），分極曲線としての数値関数が使用できる。

$$i = i_0 \left[\exp\left\{ \frac{\alpha, zF\eta}{RT} \right\} - \exp\left\{ \frac{-\beta zF\eta}{RT} \right\} \right] \tag{3.19}$$

$$E - E_0 = b_\mathrm{a} \log_{10}(i/i_0) \tag{3.20a}$$

$$E - E_0 = -b_\mathrm{c} \log_{10}(i/i_0) \tag{3.20b}$$

バトラーボルマーの式では，$\eta = E - E_0$ として E_0（平衡電位），i_0（交換電流密度），α（アノード透過係数），β（カソード透過係数），z（反応の電荷数）をパラメータとして設定する。また，ターフェル式では E_0（平衡電位），i_0（交換電流密度），b_a（アノードターフェル勾配）もしくは b_c（カソードターフェル勾配）を，それぞれパラメータとして設定する [6, 7]。

実測の分極曲線から数値関数としてデータを与えた例を図 3.7 に示す。Fe（炭素鋼）電極を 0.5 % NaCl 溶液中で分極測定し，カソード分極曲線とアノード分極曲線を重ね合わせて破線で示す。電流密度は絶対値の log として表示している。通常の分極測定装置では電位を 1 mV 以下の区切りでデータを取得していることが多く，図で示した分極曲線でも 1000 行以上のデータを持っている。これらのデータをそのままシミュレーション計算の分極曲線として使用すると，計算時間が長くなり収束し難くなることも多いので，数値計算に使用する時には，データをうまく選別して数値関数とすることが肝要である。図 3.7 の △ と ● は，そのデータ設定の一例である。図では電位を 20 mV 刻みで分極曲線から読み取っており，グラフの縦軸が絶対値の対数表示であることに留意する。

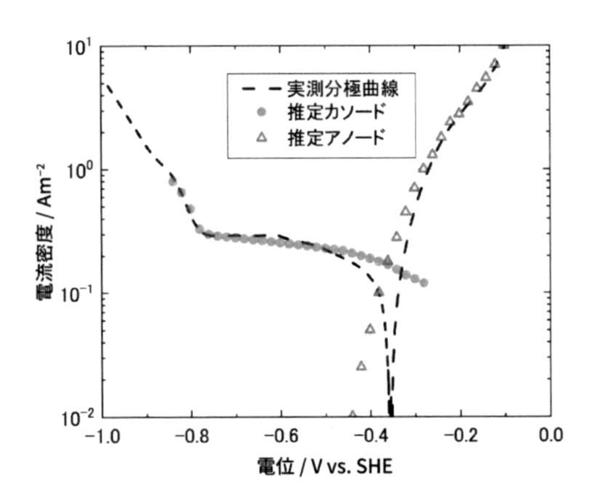

図 3.7　実測の分極曲線からの推定（電流密度は絶対値）

実測の分極曲線では，電位が − 0.38 V vs. SHE 付近で電流密度が最小になり，− 0.38 V より低い電位では負の値，− 0.38 V より高い電位では正の値に変化している。この電位 (− 0.38 V vs. SHE) が腐食電位になる。腐食電位では，1.7 節で示したようにアノード電流とカソード電流が同じだけ流れており，測定した分極曲線上ではその電流は表れない。しかしながら，数値関数として分極曲線を用いるときは，両者が腐食電位において絶対値で同じ，すなわちアノード側は正の電流密度，カソード側は負の電流密度が流れているように設定する必要がある。そこで，図 3.7 に示したようにアノード分極曲線とカソード分極曲線を延長して数値化している。このようにして数値化したデータを表として示したのが表 3.1 である。前述したように腐食電位近傍では，アノード電流密度とカソード電流密度が正負で同じ値を示している内部分極曲線を再現するように設定している。

表 3.1　図 3.7 の推定アノード・カソード分極曲線の数値

アノード分極曲線		カソード分極曲線	
電位	電流密度	電位	電流密度
V vs. SHE	A/m²	V vs. SHE	A/m²
−0.1	10	−0.28	−0.12
−0.12	7	−0.3	−0.13
−0.14	5.5	−0.32	−0.14
−0.16	4.5	−0.34	−0.16
−0.18	3.5	−0.36	−0.17
−0.2	2.8	−0.38	−0.18
−0.22	2.4	−0.4	−0.19
−0.24	1.8	−0.42	−0.2
−0.26	1.3	−0.44	−0.21
−0.28	1	−0.46	−0.22
−0.3	0.7	−0.48	−0.23
−0.32	0.45	−0.5	−0.23
−0.34	0.28	−0.52	−0.24
−0.36	0.18	−0.54	−0.24
−0.38	0.1	−0.56	−0.25
−0.4	0.05	−0.58	−0.25
−0.42	0.03	−0.6	−0.26
−0.44	0.01	−0.62	−0.26
		−0.64	−0.27
		−0.66	−0.27
		−0.68	−0.28
		−0.7	−0.28
		−0.72	−0.29
		−0.74	−0.29
		−0.76	−0.3
		−0.78	−0.33
		−0.8	−0.48
		−0.82	−0.65
		−0.84	−0.8
		−0.86	−1

3.4　マクロセル腐食のシミュレーション

マクロセル腐食は2電極間で電流がほぼ定常的に流れる現象であり，数値計算がしやすい。金属Aをアノード，金属Bをカソードとすると，溶液中の電流はアノードからカソードに流れる。この時の電流の流れやすさが導電率 (σ) で，単位はS/mである。これらの状態を図3.8に示す。水溶液の外部では電線中を電子が移動し，電流は電子の動く方向とは逆向きに流れる。水溶液中ではイオンが移動することにより水溶液全体として電流が流れる。この時の溶液中の電位と電流の分布は，式(3.21)と式(3.22)で表される。

$$\frac{\partial^2}{\partial \mathbf{x}^2}\phi_1 = 0 \tag{3.21}$$

$$i_1 = -\sigma\frac{\partial}{\partial \mathbf{x}}\phi_1 \tag{3.22}$$

ここで，ϕ_1 は溶液内の電位であり，i_1 は溶液中の電流値，$\mathbf{x}$ は溶液内の座標（ベクトル）である。この式を用いて溶液中の電位と電流分布を計算する。

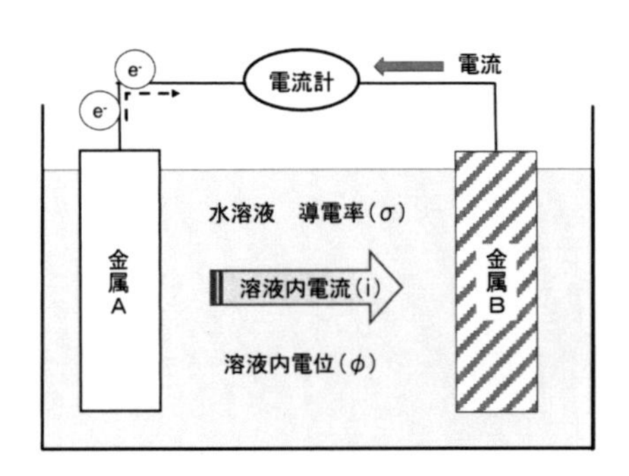

図3.8　水溶液中の電位と電流

1.3節に示した，硫酸水溶液中でPtとFe電極を浸漬した時の解析を行ってみる。電極AとしてFe，電極BとしてPtを考える。解析のモデルは2次元で，解析範囲は図3.9に示す。溶液は0.5 mol/dm^3 の硫酸とし，その導電率 (σ) は 5 S/m である。Fe 電極の反応は Fe の溶解反応式 (3.23) を考える。分極曲線はアノードターフェル式で与え，$E_0 = 0.44$ V vs. SHE，$i_0 = 3.9\times10^{-2}$ A/m^2，Tafel 勾配は，$b_a = 0.042$ V/decade とした [6]。

$$Fe \rightarrow Fe^{2+} + 2e^- \tag{3.23}$$

Pt 電極の反応は水素イオンの還元反応式 (3.24) で，分極曲線はカソードターフェル式で与え，$E_0 = 0$ V vs. SHE，$i_0 = 1.0\times10^{-3}$ A/m^2，Tafel 勾配は $b_c = -0.12$ V/decade とした [7]。

$$2H^+ + 2e^- \rightarrow H_2 \tag{3.24}$$

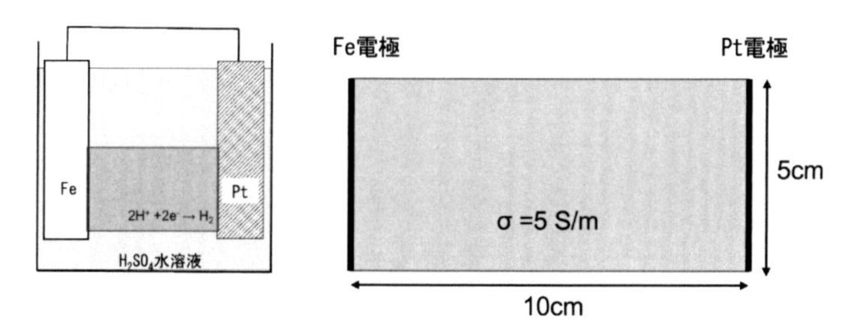

図 3.9　Pt と Fe 電極の計算モデル

解析した結果を図 3.10 に示す。溶液の電位をカラーマップで，電流の分布をベクトルとして矢印の大きさで示している。電位は Fe 電極近傍の溶液が 0.4 V，Pt 極近傍が 0.35 V となっていて，電流は Fe 電極から Pt 電極に，溶液中をほぼ平行に流れている。実際の溶液中において電流の流れを計測し図示することは難しいが，FEM 計算では図のように容易に解析できる。

例えば，図 3.10 のモデルの溶液中に複雑な邪魔板のような物質が存在する場合，どのように電流が流れるかを実測することは非常に難しい。しかしながら数値計算では，図 3.11 のように複雑な形状の計算も非常に簡単に実施でき，細部での電流分布なども評価できる。形状が変われば電位分布や電流分布が異なってくることも明瞭である。さらに 3 次元で計算すると，より複雑な電流分布の結果が得られるため，電気防食などにおいて非常に有益なデータを得られる [8]。

なお，電位分布という観点では有限要素法よりも境界要素法 (Boundary Element Method:BEM) が有効であるため，電気防食の電位分布解析などでは境界要素法 (BEM) による解析が行われていることも多い [9, 10]。

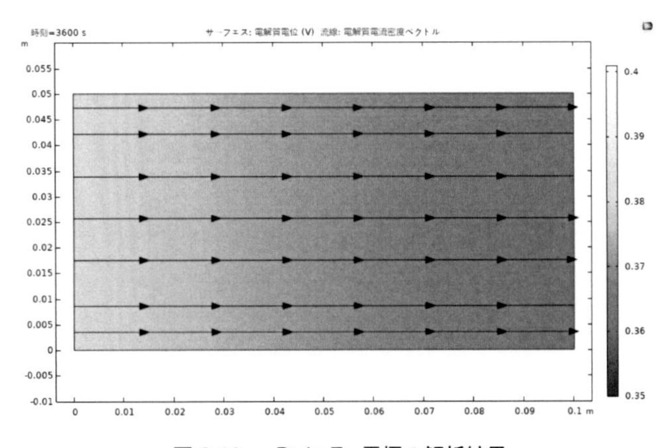

図 3.10　Pt と Fe 電極の解析結果

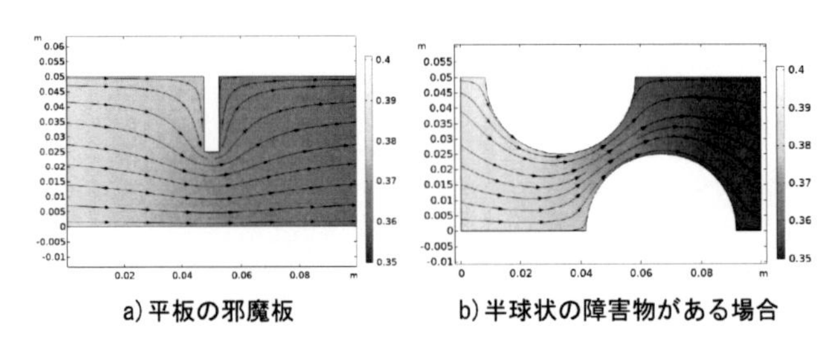

図 3.11　複雑な溶液層形状の電位・電流分布

3.5　混成電位による腐食反応のシミュレーション

ここでは，図 3.9 の左側に示した Pt 対極を取り外し，Fe 電極上にアノード反応とカソード反応を同時に設定してみる。これは 2.1 節で示した均一腐食の状態に相当し，図 3.12 に示すアノード分極曲線とカソード分極曲線を同一の電極上に設定するものである。

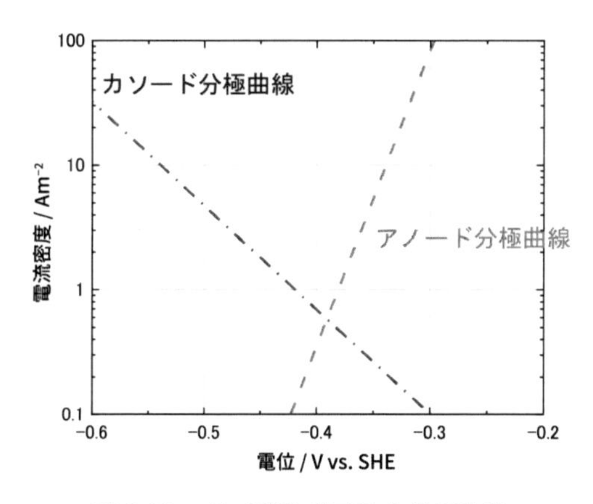

図 3.12　Fe 電極に設定した分極曲線

計算は Fe の試験片を硫酸溶液中に浸漬した状態に相当し，水素ガスを発生させながら Fe が腐食していく状況を計算している。この状態では Fe の試験片が自然に溶けていることになり，試験片の外部には電流が流れないので腐食電流値は測定できない。すなわち，アノード電流とカソード電流は試験片の内部で流れていることになる。この電流を外部で測定できる電流と区別して内部電流と呼ぶ。内部電流は測定不可能なため，一定時間経過後の試験片の重量の減少量を測定し，単位時間当たりの重量変化量，

例えば $g \cdot m^{-2}h^{-1}$ の単位[3]で腐食速度を評価することになる。

ところが数値計算では，この内部電流も評価することができる。図3.13に外部電流と内部電流の計算結果を合わせて示す。図3.13a)は，Fe電極を単独で溶液に浸漬した状態(自然浸漬状態という)の計算結果である。アノード電流が約0.8 A/m²，カソード電流が－0.8 A/m²で釣り合っていて，破線で示した外部電流は0 A/m²である。この電流密度はFeの腐食速度として約8 $g \cdot m^{-2}h^{-1}$ で約1 mm/yになる。

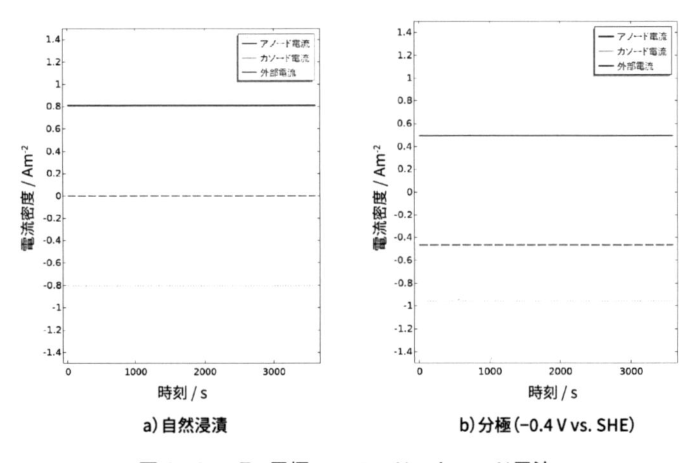

a) 自然浸漬　　b) 分極(−0.4 V vs. SHE)

図3.13　Fe電極のアノード・カソード電流

この計算から，マルチフィジックス計算では境界条件としてPt電極の電位を特定の値に設定する。この操作は，実際の実験でポテンショスタットを用いて電極電位を変化させることに相当する。電位の値を，溶液電位として0.4 V，すなわち電極電位としては－0.4 V vs. SHEに設定する。計算により得られたアノード，カソードの内部電流と外部電流の値を図3.13 b)に示す。図から外部電流として約－0.5 A/m²のカソード電流が流れることが分かる。また，その時の内部アノード電流としては約0.5

3　腐食速度に関しては、長期間の腐食についてmm/y（1年間に腐食した厚み）で表記されることも多い。しかし、mm/yでは材料の密度による値の違いが生じるので注意が必要である。

A/m^2，内部カソード電流としては約－1.0 A/m^2 の電流値が計算結果でそれぞれ得られる。このことは，外部電流としてはカソード電流しか測定できないが，実際には Fe はこの電位で少量のアノード反応による溶出，すなわち腐食していることを示している。

図 3.7 の説明でも述べたように，電気化学試験では電極電位と電極間に流れる電流が測定されるが、測定された電流値は内部アノード電流と内部カソード電流の差である。また，実際の腐食試験での錆の生成などについても，アノード反応の電荷量とカソード反応の電荷量は同量であるが，それぞれの量を評価することは難しい。これらの例のように，マルチフィジックス計算は実験で得ることができない内部電流値を数値計算で求めることができるため，腐食問題の解析に非常に有効なツールだと言える。

3.6　電位・電流分布と物質移動との連成計算

Fe が中性の溶液中で腐食することはよく知られており，その際は前節の水素発生反応ではなく，溶液中に溶け込んでいる酸素（溶存酸素）の還元反応をカソード反応として Fe がアノード溶解（腐食）する。そこで，本節では酸素の還元反応と Fe の溶解反応をカップルした計算を行う。反応式は式 (3.25) と式 (3.26) で示す。溶液は pH7.0 の 0.5 % NaCl 溶液とする。Fe の溶解反応（式 (3.25)）の分極曲線はアノードターフェル式で与え，$E_0 = 0.44$ V vs. SHE，$i_0 = 3.9\times10^{-2}$ A/m^2，Tafel 勾配は b_a = 0.042 V/decade とした [11]。

$$Fe \rightarrow Fe^{2+} + 2e^- \tag{3.25}$$

$$O_2 + 2H_2O + 4e^- \rightarrow 4OH^- \tag{3.26}$$

カソード反応（式 (3.26)）の分極曲線はカソードターフェル式で与え，反応の平衡電位は $E_0 = 0.815$ V vs. SHE，交換電流密度は $i_0 = 1.0\times10^{-8}$ A/m^2，カソードターフェル勾配は b_c = －0.12 V/decade とした [7]。

実際に電極反応が起きると，アノード反応では Fe^{2+} イオンが溶液中に溶け出し，カソード反応では溶存酸素が OH^- イオンに還元されて溶液中に溶け出す。その際，O_2 濃度は減少する。そして，これらの化学種は溶液中を拡散して濃度が変化する。この溶液中の物質移動も，電極反応と連成させて解析してみる。

溶液中では，イオンは濃度勾配と電場の影響を受けて移動する。濃度勾配による移動を拡散，電場による移動を泳動と呼び，両者を関連付ける支配方程式はネルンスト-プランクの式 (3.27) になる。

$$\frac{\partial c_i}{\partial t} = D_i \frac{\partial^2 c_i}{\partial x^2} + z_i m_i F c_i \frac{\partial^2 \phi_l}{\partial x^2} \tag{3.27}$$

ここで，c_i, D_i はそれぞれの化学種の濃度と拡散係数，z_i はイオンの価数，m_i は移動度，F はファラデー定数，ϕ_l は溶液の電位である。

電荷のない分子は，電場の影響は受けずに拡散のみで移動する。この式について電位電流分布と電極反応による物質量の変化とを連成させて，マルチフィジックス計算を行った [11]。計算に用いたパラメータを表 3.2 に

表 3.2　計算に用いたパラメータ

パラメータ	値
H^+ イオン濃度	1×10^{-4} mol/m^3
OH^- イオン濃度	1×10^{-4} mol/m^3
Na^+ イオン濃度	510 mol/m^3
Cl^- イオン濃度	510 mol/m^3
溶存酸素 (O_2) 濃度	0.25 mol/m^3
Fe^{2+} イオン濃度	0.001 mol/m^3
pH	7
O_2 拡散係数	1.8×10^{-9} m^2/s
Cl^- 拡散係数	1.97×10^{-9} m^2/s
Na^+ 拡散係数	1.31×10^{-9} m^2/s
H^+ 拡散係数	9.16×10^{-9} m^2/s
OH^- 拡散係数	5.18×10^{-9} m^2/s
Fe^{2+} 拡散係数	7×10^{-10} m^2/s
Fe 溶解平衡電位	− 0.44
Fe 溶解交換電流密度	0.039 A/m^2
Fe アノードターフェル勾配	0.042 V
O_2 還元平衡電位	0.815
O_2 還元交換電流密度	1×10^{-8} A/m^2
O_2 還元ターフェル勾配	− 0.13 V
溶液の導電率	4.7 S/m

示す。また，式 (3.26) 式で示した溶存酸素の還元反応は，電極表面での酸素濃度に影響を受ける。そこで，式 (3.28) に示すように，表面の酸素濃度と沖合の酸素濃度の比に電極電流が比例する条件を入れた。ここで，cO_{2s} は電極表面の溶液中の酸素濃度，cO_{20} は沖合の溶液中の酸素濃度である。

$$i_{O_2\mathrm{red}} \propto \frac{cO_{2s}}{cO_{20}} \tag{3.28}$$

図 3.14 に，電極表面から溶出した Fe^{2+} イオンの溶液中の濃度変化を示す。時間経過と共に Fe^{2+} イオン濃度分布が電極から遠方まで広がっていく様子が計算されている。これは拡散と泳動の両方の効果であり，その結果，電極表面の Fe^{2+} イオンの濃度はほぼ一定の値で留まり，Fe^{2+} の溶出速度と拡散泳動の影響が均衡している状態になっている。

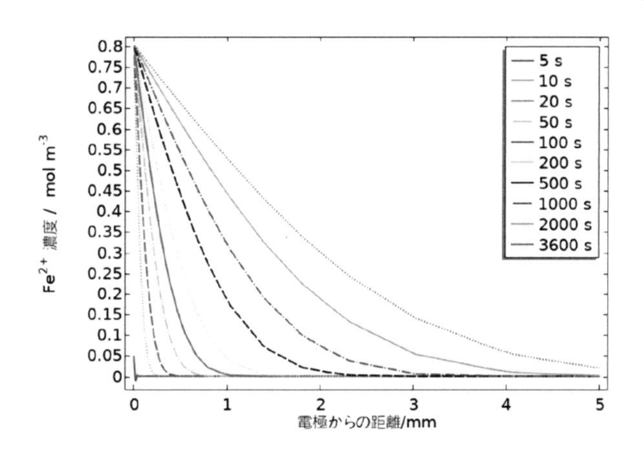

図 3.14　Fe 電極近傍の Fe^{2+} イオンの濃度変化

次に，カソード反応である酸素の還元反応により変化した O_2 濃度の時間変化を図 3.15 に示す。こちらは電極表面の O_2 濃度がほぼ 0 まで低下していて，電極表面で O_2 が還元反応で消費されほぼゼロになり，それを補うために外部より O_2 が流れ込んでいることが計算で示された。

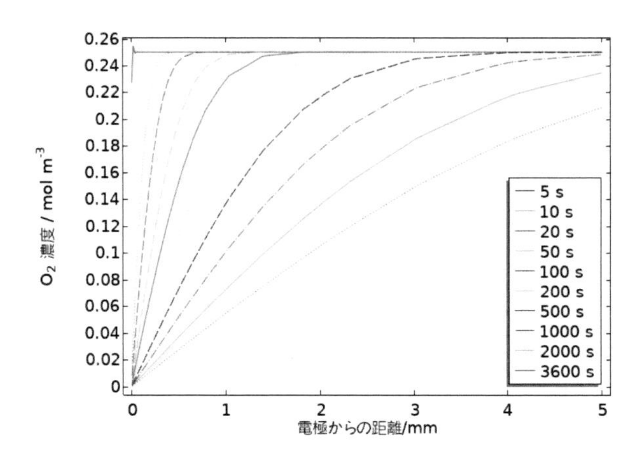

図 3.15　Fe 電極近傍の溶存酸素の濃度変化

この時のカソード，アノードの内部電流の時間変化の解析結果を図3.16に示す。それぞれの電流値が時間経過と共に小さくなっていく様子が計算されている。これは溶液中の化学種の濃度変化に伴い電極表面で反応する化学種の濃度も変化することにより電流値が変化している例であり，実験では簡単に得られない結果である。このことからも，物質移動と電位電流分布の解析を連成して数値解析するメリットが認められる。

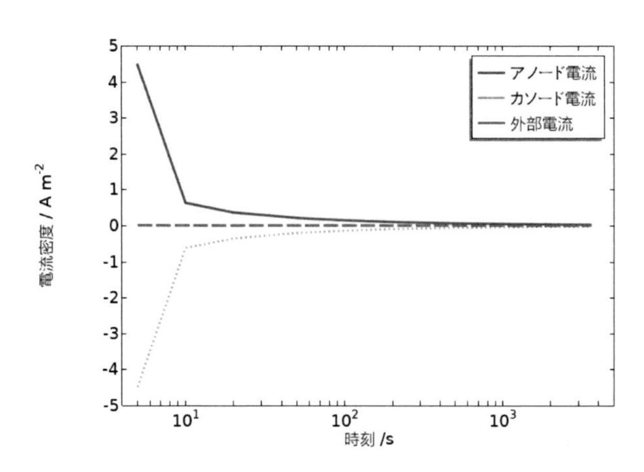

図 3.16　アノード，カソード電流の時間変化

3.7 溶液内での化学反応との連成計算

腐食反応のシミュレーションにおいて重要な計算に，化学反応計算がある。マルチフィジックス計算がなかった頃には，腐食では電極反応と化学反応が重要な反応であることは分かっていたが，それぞれを独立に捉えて概念的な説明を行っていた。

例えば，多くのカソード反応は溶存酸素や水素イオンを還元するので，カソード表面近傍は OH^- イオン濃度が上昇することが容易に分かる。しかしながら，水の中では水分子の電離平衡反応式 (3.29) があり，単純に OH^- イオン濃度だけが上昇するわけではなく，H^+ イオン濃度とのバランスによりその値が決まる。

$$H_2O \rightleftharpoons H^+ + OH^- \tag{3.29}$$

上記の反応式は平衡状態を示した式であり，時間については考えていない。すなわち，平衡状態の式では 1 分で平衡になる場合も 1 年以上かけて平衡になる場合も同じ反応式で記載される。ところが，電極反応や拡散泳動の式では時間依存の変数が含まれるので，拡散泳動などに対して化学反応を組み込んだマルチフィジックス計算を行う場合，平衡状態の式では計算結果が実態と合わないことになる。このような場合には，k_f と k_r という正逆の反応速度定数を用いた計算が有効である。すなわち式 (3.29) を式 (3.29-1)，式 (3.29-2) として記述し，式 (3.29-1) の水の解離反応の速度定数 k_f，式 (3.29-2) の H^+ イオンと OH^- イオンが結合する反応の速度定数 k_r を計算に取り込む。この際に式 (3.29) で考慮した反応の平衡定数 K_{eq} とは，式 (3.30) の関係が成り立つ。

$$H_2O \underset{k_f}{\rightarrow} H^+ + OH^- \tag{3.29-1}$$

$$H^+ + OH^- \underset{k_r}{\rightarrow} H_2O \tag{3.29-2}$$

$$K_{eq} = \frac{k_f}{k_r} \tag{3.30}$$

この反応については水の放射線分解（ラジオリシス）の研究で進められた結果が報告されており，$k_f = 2.08\times10^{-5}$ (1/s), $k_r = 1.17\times10^{11}$ (cm^3/s mol) である [12]。ただし，全ての化学反応について正逆の反応定数が文献値として示されている訳ではないので，実験値として濃度変化が得られている場合には，その結果と合わせる計算を進めていくことも必要である。

また，化学反応式 (3.31) の関係から ΔK として式 (3.32) を求め，これを時間に対してプロットすることで平衡状態になるまでの時間が予測できるので，反応の速度に従って k_f と k_r を推定することもできる。

$$bB + cC \rightleftharpoons dD + eE, \quad K = \frac{\left(a_D^d \cdot a_E^e\right)}{\left(a_B^b \cdot a_C^c\right)} \tag{3.31}$$

$$\Delta K = \frac{\frac{\left(a_D^d \cdot a_E^e\right)}{a_B^b \cdot a_C^c}}{K} \tag{3.32}$$

そこで，図 3.15 で示した溶存酸素の還元反応の計算の結果に，式 (3.29-31) で示した OH^- イオンと H_2O との平衡反応をマルチフィジックス計算で連成させる計算を追加して求めた結果を図 3.17 に示す。a) は開始 10 sec 後，b) は 100 sec 後の電極表面から 1 ㎜までの OH^- イオン濃度，H^+ イオン濃度，pH を示す。

電極表面で O_2 の還元により生成した OH^- イオンの濃度は，初期値である 10^{-4} mol/m^3 よりもはるかに高い 10^{-1} mol/m^3 程度まで上昇し，電極から拡散しながら徐々に濃度が下がっていく。開始 10 sec ではまだ定常状態には達していないが，100 sec になるとほぼ定常的な濃度分布となる。その間に，式 (3.29) の解離平衡反応が進み，H^+ イオン濃度が減少して pH が上昇する。しかしながら，OH^- イオン濃度の変化と比べて H^+ イオン濃度や pH の変化は少し異なっており，式 (3.29) の反応は拡散よりも少し遅れて影響を表すようである。このあたりの数字は計算誤差もあり，今後の実験的なデータとの検証が必要である。いずれにしても，100 sec で定常的な分布となることはマルチフィジックス計算による新たな知見でもあると思う。

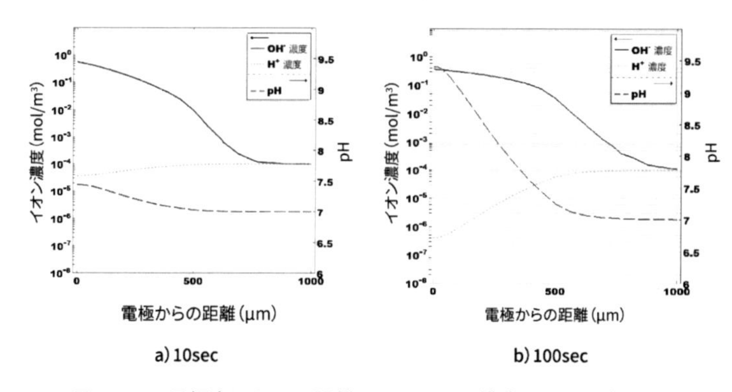

図 3.17　電極表面からの距離によるイオン濃度と pH の変化

図 3.17b) では，pH が初期の 7 から 9 以上に上昇している[4]。ここで，計算した酸素の還元反応式 (3.26) の平衡電位は pH に依存することが知られており，平衡電位 E_{eq}（酸素還元）は，

$$E_{eq} = 1.218 - 0.059 \times \mathrm{pH} \tag{3.33}$$

となる。式 (3.33) の関係から，電極表面の pH が 1.0 上昇する毎に平衡電位 (E_{eq}) を 0.059 V ずつマイナス側に変化させる。その結果，pH の上昇はカソード電流を小さくする方向に働く。本計算においてはカソード電流が酸素の拡散により決定されているので，その寄与はほとんどないものとみなされるが，他の例では電極表面の pH 変化による反応速度の影響も考慮すべき場合がある。

この例で示したように，化学反応を連成したマルチフィジックス計算により溶液内での反応の解析やその反応による電極反応の変化などが計算できるため，腐食解析には非常に有効な手段である。

4　$\mathrm{pH} = -\log_{10}([H^+])$，ただし $[H^+]$ は $(\mathrm{mol/dm^3})$ 単位であるので，$\mathrm{mol/m^3}$ 濃度では $\mathrm{pH} = -\log_{10}([H^+]/1000)$ である。

参考文献

[1] 野原勉：『エンジニアのための有限要素法入門-基礎から応用へ-』，培風館 (2016).

[2] 平野拓一：『有限要素法による電磁界シミュレーション-マイクロ波回路・アンテナ設計・ECM 対策-』，近代科学社 (2020).

[3] 吉野雅彦：『Excel による有限要素法入門-弾性・剛塑性・弾塑性-』，朝倉書店，(2002).

[4] 樋口真宣，佟立柱，米大海：『次世代を担う人のためのマルチフィジックス有限要素解析』，近代科学社 (2022).

[5] 小原勝彦：表面技術，64, pp.537-540 (2013).

[6] 『金属の腐食・防食 Q&A　電気化学入門編』（腐食防食協会 編），p.57，丸善 (2002).

[7] M. Stern : *J. Electrochemi. Soc.* 102, pp.601-616 (1955).

[8] 宮様松甫，式黒寿一，岸本喜久雄，青木繁：材料と環境, 44, pp.226-232 (1995).

[9] J.C.F. Telles, W. J. Mansur, L. C. Wrobel, M.G. Marinho; *Corrosion*, 46, pp.513-518 (1990).

[10] 青木繁，天谷賢治，宮坂松甫：『境界要素法による腐食防食問題の解析』，裳華房 (1998).

[11] 計測エンジニアリングシステム（株）事例集
https://kesco.co.jp/cases/5590/（2022 年 9 月 2 日参照）

[12] K. Hata, T. Satoh et al.; *J Nuclear Sience and Technology*, 53, pp.1183-1191 (2016).

第4章

腐食現象の解析

本章では，腐食現象をマルチフィジックス計算で解析した例をいくつか紹介する。マルチフィジックス計算が特徴的な結果となるケースを中心に示したので，局部腐食やマクロセル腐食の事例が多くなっている。均一腐食などの計算は，ここで示した例を参考にして条件を設定すれば容易に実施できる。

4.1　電気防食時の陽極の消耗量

海洋構造物では，海中部の防食法として電気防食が用いられていることが多い。電気防食は，図 4.1 に示すように鉄製の取り付け棒を介してアノード電極を鋼構造物に溶接して使用されることが多い。防食の基準としては，電極設置後の鋼の電位が通常 − 850 mV（飽和硫酸銅電極基準；約 − 0.55 V vs. SHE）以下になるように設計している。電極材料には古くは Zn が使われてきたが，近年では防食電流を定常的に流すためにアルミニウム合金製のアノード材料に代わってきている [1]。

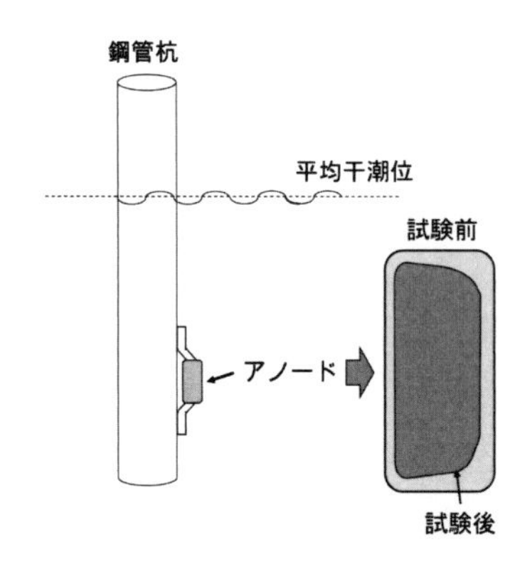

図 4.1　電気防食の電極と消耗イメージ

このアルミニウム合金製アノード材料は溶解しながら鋼を防食しているため，徐々に体積が減少していく。このため，一定期間経過後に新しいアノード材料と取り換える必要がある。著者らは電気防食電流や陽極の消耗量の変化を試験してきたが [2]，その際に図 4.1 に示した陽極の消耗イメージのように，鋼側から離れた部位でアルミ陽極の消耗量が大きいという不思議な結果に直面した。防食電流はアルミアノードから鋼に流れるので，当然距離が近い方の溶液抵抗が小さく，より大きな電流になる。そのため鋼に近い方の電極から溶けていくと想像していたのだが，実際の結果はその逆になっていた。

この原因が何となく釈然としなかったため，当時，自作の FEM ソフトにより電気防食のシミュレーション計算を行ったが，今回は COMSOL Multiphysics 6.0 で 3 次元計算を行ってみた。

支配方程式はラプラスの式で 2 次電流分布解析を設定した。溶液中の電流ベクトル $\boldsymbol{i}$ は導電率 σ と溶液内の電位 $\phi(x)$ により式 (4.1) で表される。計算は 3 次元モデルで定常計算を行った。

$$\boldsymbol{i} = -\sigma \frac{\partial}{\partial x} \phi(x) \tag{4.1}$$

暴露実験の試験体の概略図と計算モデルを図 4.2a)，b) にそれぞれ示す。アノード電極表面のメッシュは極めて細かく設定し，鋼材表面のメッシュも若干細かく設定した。計算用に用いた分極曲線は，実際の鋼材と同じ材質の電極とアルミニウム陽極材を切断して人工海水中で測定したものである。測定結果に一致するように，図 4.3 に示す分極データを数値関数として計算用の入力データとした。

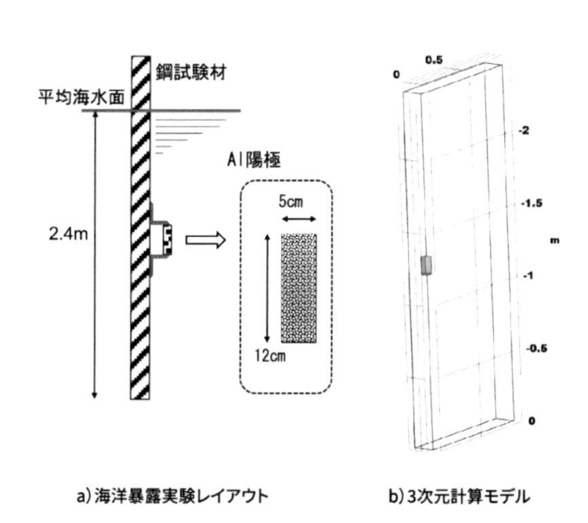

図 4.2　暴露実験の a) レイアウトと b) 計算モデル

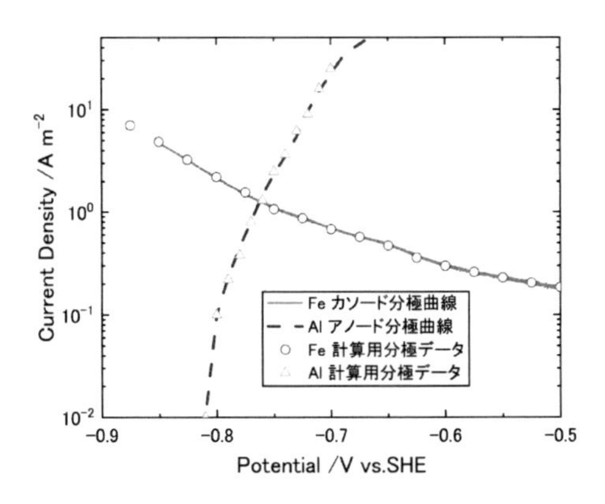

図 4.3　実測した分極曲線と計算用データ

計算結果を図 4.4 に示す。電位・電流分布は，a) に示すとおり電極近傍の溶液電位が高い，すなわちアノードのアルミニウムの電極電位は低くなっている。電流線分布はアノード電極から鋼材へ，溶液中全体を通って大きく流れていることが示されている。このことから，海水のような導電率の高い溶液では，溶液中を電流が大きな回路を形成して流れていることが分かる。そのことを示すようにアノード電極から海水中を大きく回って流れて行く電流線ベクトルが図中に見られる。

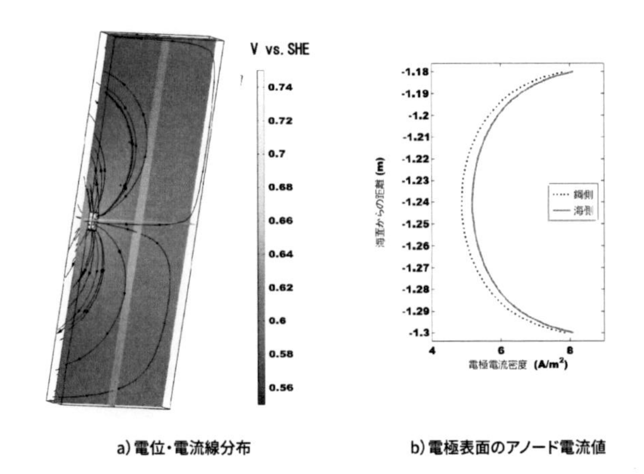

図 4.4　計算結果

一方，電極表面の電流値を鋼側とその反対の海側でプロットした結果がb) であり，鋼側，海側ともに上下の端部に大きな電流が流れていることが認められる。また，鋼側と海側では海側の方の電流密度が大きいことが分かる。

この結果より，前述した現場で見た現象は妥当なことが推察される。直観的にはアノード電極から鋼側へ電流を流すので鋼に近い方の部位が消耗しやすい（電流密度が大きい）ように感じるが，数値計算では海の中の長い距離を流れる電流が大きいことで，海側の電極表面の電流密度が大きい，すなわちアノード電極の消耗量が大きいことが示された。数値計算が人の直観よりも正しい答えを出してくれる分かりやすい例である。これは海水が非常に大きな導電率を持つ溶液であるために起きる現象である。2.2 節で述べたとおり，海水中の炭素鋼ではワグナー長さが数 m 程度にもなるので，海水中の小さなアノード電極で大面積の鋼材が防食できる。

この結果が示すように，電流線分布を 3 次元で計算すれば，より正確に電気防食の評価が行える。

4.2　Zn メッキの防食作用

鉄鋼材料の腐食を防ぐ方法（防食法）には様々な種類があるが，一般的に古くから使われているものに Zn メッキを用いた防食法がある。例えば，道路の標識柱や電柱，工事現場のフェンスなど，日常的に目にするものも多い。Zn メッキ鋼の製造方法には，溶けた Zn のメッキ浴に鋼を沈めて作る溶融メッキ法や，電気を流して製造する電気メッキ法などがあり，用途によって使い分けられている。表面の Zn メッキ層の厚みも 10 μm 程度から 100 μm 程度までさまざまである。

表面が完全に Zn に覆われた Zn メッキ単体は，大気中において Fe の腐食量の 1/10 程度の腐食速度であるため，腐食進展は遅いと示されている [3]。しかし，切断した端面や Zn メッキ層に傷が生じて地鉄が露出している場合には，Zn が Fe 表面に付着していない箇所ができる。このような箇所では，Zn と Fe が同時に外部環境にさらされることになる。この状態は 2.2 節で述べたマクロセル腐食の典型的な例になる。そのため，Fe とカップルされた Zn がどの程度のマクロセル腐食を起こすのかが重要な課題である。

そこで，Zn メッキの端部が露出し Fe とマクロセル腐食を起こす例を計算してみる [4]。図 4.5 に示すモデルは，厚み 50 μm の Zn メッキが一部剥がれて Fe が露出しているケースを想定したものである。マルチフィジックス計算としては，電位電流分布解析，変形ジオメトリ，希釈種輸送を連成させた。

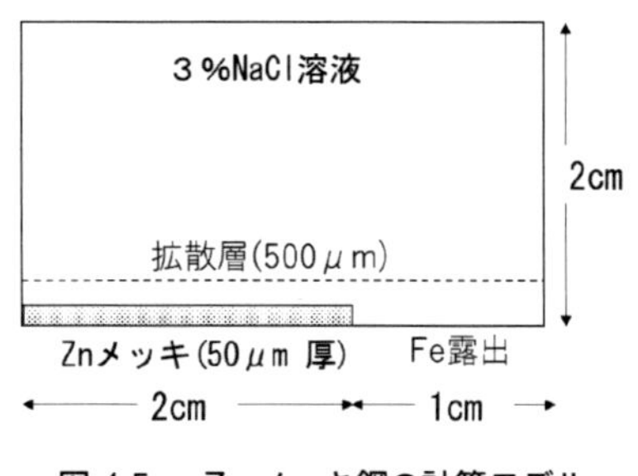

図 4.5　Zn メッキ鋼の計算モデル

電位電流分布解析で計算する電解質は，3 %NaCl 水溶液として導電率 4.7 S/m である。アノード反応は式 (4.2)，式 (4.3) に示す Zn，Fe それぞれの溶解反応，カソード反応は両極とも式 (4.4) に示す酸素還元反応を考慮した。分極はアノード・カソード反応ともにターフェル式を用いた。

$$Zn \rightarrow Zn^{2+} + 2e^- \tag{4.2}$$

$$Fe \rightarrow Fe^{2+} + 2e^- \tag{4.3}$$

$$O_2 + H_2O + 4e^- \rightarrow 4OH^- \tag{4.4}$$

希釈種輸送の支配方程式は式 (4.5) で示すものである。ここで，D_i は考慮する化学種 i の拡散係数，$\boldsymbol{u}$ は溶液の速度ベクトル，R_i は外部からの流入量で，ここでは電極反応によるイオン等の変化量である。酸素の拡散限界電流は，希薄種輸送で拡散層を 500 μm 厚みで設定することで考慮した。拡散層内での流速はゼロ，拡散層外では下向きに 0.1 cm/s の対向流速を設定した。なお，簡便のため，希薄種輸送で計算する化学種は溶存酸素のみとした。

$$\frac{\partial C_{\mathrm{i}}}{\partial t} = - \nabla \cdot (-D_{\mathrm{i}} \nabla C_{\mathrm{i}} + c_{\mathrm{i}} \boldsymbol{u}) + R_{\mathrm{i}} \tag{4.5}$$

時間ステップは 0.5 日刻みとして 10 日間まで計算し，それぞれの時間ステップ毎に Zn と Fe の表面を溶解した量だけ変形する変形ジオメトリの計算も行った。溶解量の計算では，変形量を電荷当たりの体積にするために，Zn と Fe の密度とモル重量を用いてそれぞれ計算した。計算に使ったパラメータを表 4.1 に示す [5, 6]。

表 4.1　計算パラメータ

	Zn アノード	Fe アノード	O_2 カソード
平衡電位　(V vs. SHE)	− 0.94	− 0.44	0.814
交換電流密度 (A/m^2)	1.00×10^{-3}	3.90×10^{-2}	1.00×10^{-8}
Tafel 勾配 (V/decade)	0.06	0.042	− 0.13
溶存酸素濃度 (mol/m^3)	0.25		
溶存酸素拡散係数 (cm^2/s)	1.8×10^{-5}		
溶液の導電率 (S/m)	4.7		
Zn の密度 (g/cm^3)	7.14		
Zn の mol 重量 (g/mol)	65.38		
Fe の密度 (g/cm^3)	7.86		
Fe の mol 重量 (g/mol)	55.85		

計算結果を図 4.6 に示す。a) は 10 日間までの計算結果で，計算した領域の電位と電流線の分布を示す。溶液が 3 %NaCl 水溶液で導電率が高いために非常に電位差が小さいが，それでも亜鉛メッキに近い領域の電位が低く，Fe に近い領域の電位が高くなっている。また，電流線は溶液中を Zn メッキ部から Fe 部へと流れている。10 日間の積算で，Fe の溶解量としては 1 μm 以下，Zn 側の溶解量は約 12 μm と計算された。

b) は 10 日間後の計算結果で，Zn メッキ層と Fe の界面近傍を拡大した領域を示す。実線で示した部分が元の Zn の金属表面で，グレーの部分が 10 日間の時間経過で溶解した後の溶液層である。Zn メッキ層により Fe が防食され，Zn 層が図のグレーの領域まで腐食して無くなったことが明瞭に示されている。

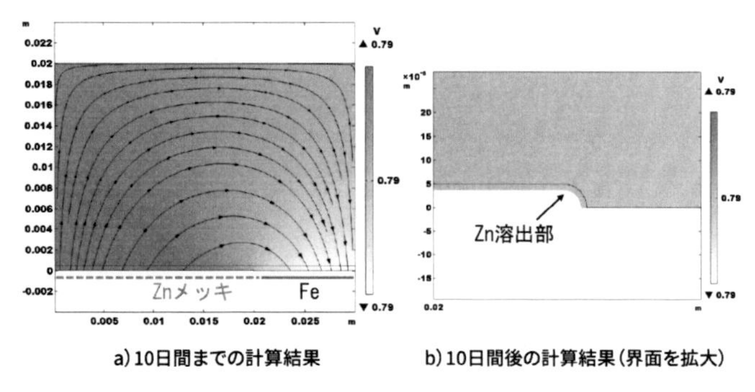

a) 10日間までの計算結果　　b) 10日間後の計算結果（界面を拡大）

図 4.6　Zn メッキ鋼の a) 電位と電流と b) 形状変化

さらに電極表面の各部での電位・電流値の解析結果を図 4.7 に示す。a) は電極表面の電位と総電流密度の計算値を示す。この図では境界部の左側の Zn メッキ部の電位が高く，電極電位としては低くなっていてアノードになっていることが分かる。Fe は逆に電極電位として高くなっているのでカソードになっており，電位は Zn-Fe の境界部で緩やかに変化している。総電流値は，Zn 表面で 0.1 A/m^2 の正の電流が流れ，Fe 表面では 0.2 A/m^2 の負の電流が流れている。これは前述した Zn がアノード，Fe がカソードになることを裏付けている。また両者の値の違いは，Zn の面積が Fe の面積の 2 倍であることによる。面積が等しければ同じ電流が流れる計算になる。

図 4.7b) はそれぞれの電極における内部電流密度の計算結果を示す。境界部の左側が Zn であり，その内部電流密度はアノードが約 0.3 A/m^2 で，カソードが約 − 0.2 A/m^2，境界部右側の Fe の内部電流密度はアノードがほぼ 0 A/m^2 で，カソードが約 − 0.2 A/m^2 となっている。すなわち Fe の電極側では Fe が溶けずにカソード反応だけが起きていて、Fe が防食されている。しかしながら，Zn 電極でも Fe 電極よりも少し大きい電流密度でカソード電流が流れている。このことは，酸素の還元反応であるカソード反応が Fe 電極表面だけでなく Zn 電極表面でも起きてい

ることを示している。Zn メッキでは，Fe を防食するために Zn が溶解していることは間違いないが，Fe を防食するために使われる電流以外に Zn 自身の腐食反応によっても酸素が消費されるカソード電流が流れているということである。

このように腐食反応では，電極の外に流れる電気量だけでなく，電極内でアノード部からカソード部へ流れる電流が存在する。この解析結果から，Zn メッキの場合には，Fe を防食するためだけではなく Zn 自身の腐食反応でも Zn が消耗していることが分かる。

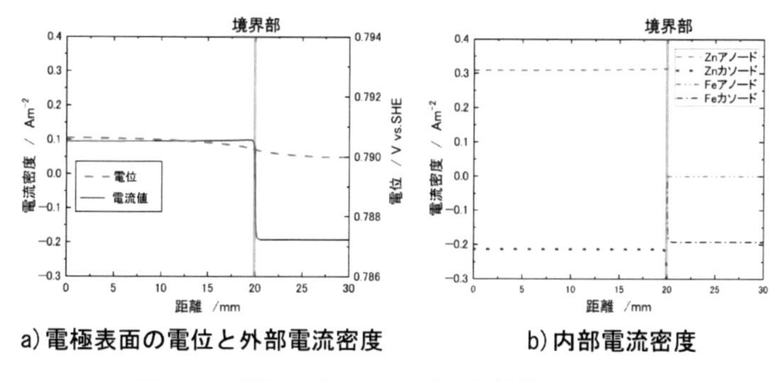

a）電極表面の電位と外部電流密度　　b）内部電流密度

図 4.7　電極表面各部での電位・電流値の解析結果

このような自己腐食による腐食電流は内部電流であるので測定が非常に難しいが，数値シミュレーションを用いると解析可能である。この結果は，数値シミュレーションの有効性を示すものである。

なお，実際の Zn メッキ鋼の腐食では，溶液の濡れ・乾きや Zn の腐食生成物が表面に沈着する影響などがあり，本計算結果よりも複雑な現象が起きている。

4.3　溶液内の流動と拡散層

拡散は，規則的に並んでいる水分子の構造の間隙を抜けて化学種（例えば酸素分子）が動く状態と言える。ところが，水は液体であるため化学種をその中に閉じ込めたままで相当早い速度で移動することができる。これは拡散や泳動とは異なる，流動と呼ばれる現象である。なお，3.6 節で考慮したのは，例えばコンクリートや土壌中に含まれている水のように流動がほとんど起きていない条件での計算である。25 ℃で概算すると，水の中の酸素が拡散する速度は数 μm/s であるが，流動が起きている条件では数十 cm/s であり，これはコップの水をスプーンで混ぜるくらいの速度である。また水の場合には，外部から力を与えなくても熱対流による流動現象が起きている。

ここでは，水の流動に関して考える。流体力学では粘性のある液体は壁面に固着しているとみなす。水の粘度は 20 ℃，1 気圧で 1.0 mPa・s であり，比較的さらさらとした液体である。しかしながら，パイプの中を流れると，パイプの中央部では平均的な水の流れになるが，パイプの壁面近傍では壁面との摩擦で流速が遅くなり，壁面では水が固着して流速が 0 m/s となる。その状態を図 4.8 に模式的に示す。図から分かるように，流速は壁面から離れると速くなる。流速がパイプ中央部の流れよりも遅くなる部分を境界層と呼ぶ。この壁面からの流速分布は放物線に従うことが知られている。境界層の厚みは，流速，層流か乱流か，また管の長さや径により異なるが，一般的な層流の場合，1 ㎜程度と示されている [7]。

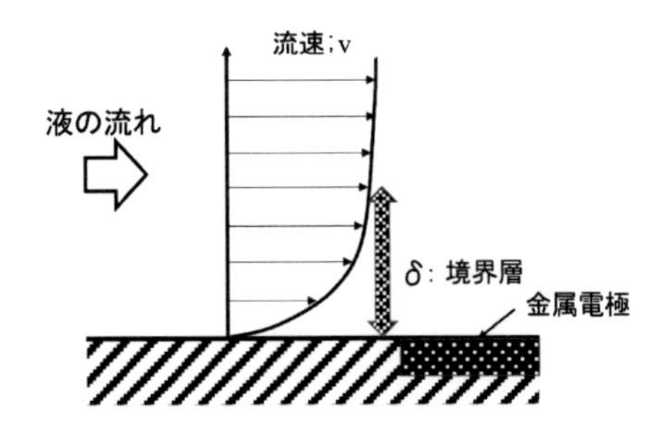

図 4.8　金属表面を水が層流として流れる場合

ここで，壁面で電極反応（酸素の還元反応）が起きる場合を考える。図 4.8 に示したように管壁の一部に Fe 電極を設置し，マルチフィジックス計算を行ってみる。酸素の還元反応は式 (4.6) で，電極表面の電流は式 (4.7) で示すものを用いる。

$$O_2 + H_2O + 4e^- \rightarrow 4OH^- \quad (4.6)$$

$$Fe \rightarrow Fe^{2+} + 2e^- \quad (4.7)$$

管内の流速を変化させて，定常的な酸素濃度の分布になったときの電極からの距離と溶存酸素濃度との関係を示したのが，図 4.9 である。電極界面ではすべての流速で酸素濃度が 0 だが，電極から離れるに従って徐々に濃度が高くなり，ある距離で内部と同じ濃度 (0.25 mol/m^3) になっている。流速が 100 mm/s の場合には，酸素濃度は電極からの距離が 0.25 ㎜程度で内部の溶液濃度と同じくらいになるが，流速が遅くなるにつれてこの距離は大きくなり，1 mm/s では約 1.5 ㎜程度までの距離で酸素濃度の上昇が認められる。

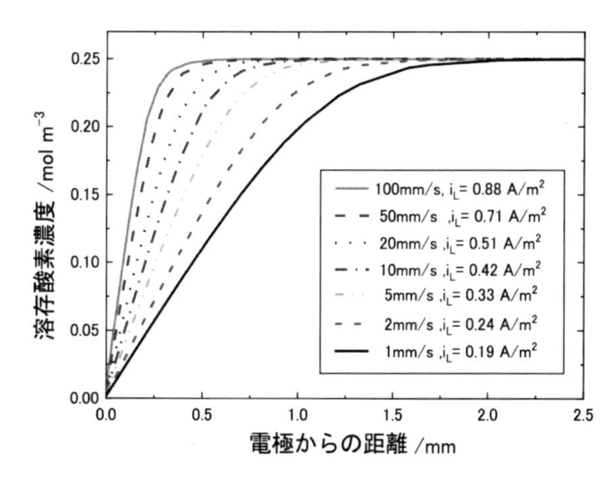

図 4.9　各流速および還元電流値における電極からの距離と溶存酸素濃度の関係

また，図の凡例中に数字を示した酸素還元限界電流値 (i_L) は流速が大きいほど大きくなっていて，流速が 1 mm/s では 0.19 A/m^2 であるのが，100 m/s では 0.88 A/m^2 と約 4 倍になっている。ここで，酸素濃度が変化し，沖合濃度と同じ値になるまでの領域を拡散層 (δ) と呼ぶ。図では，流速が 100 mm/s の場合で電極から約 0.3 mm，1 mm/s の場合は約 1.8 ㎜が拡散層となる。

先に示した境界層は液体の流速が固体表面で 0 になるという考え方であり，拡散層もおそらく同等の現象であると思われる。しかし，拡散層は電気化学的な測定結果から導かれた溶液と電極との界面の状態であり，電極反応に関わる化学種の移送を考慮する必要がある。一方，境界層は液体の流速変化のみを考慮しているので，実測できるデータが異なる。

拡散層のイメージを図 4.10 に示す [8, 9]。拡散層は電極表面から δ までの距離で，電極反応に関わる化学種が拡散定数によって制御される速度で移動する領域と仮定する。それより沖合は対流などの液流動が起きている領域（対流層と呼ぶ）で，化学種は溶液の流動により移動するため，化学種の濃度はほぼ一定値と仮定する。なお，実際の溶質の濃度は実線で示したように連続的に変化すると思われるが，それを近似的に 2 層に分け，物質の移動を区分している。

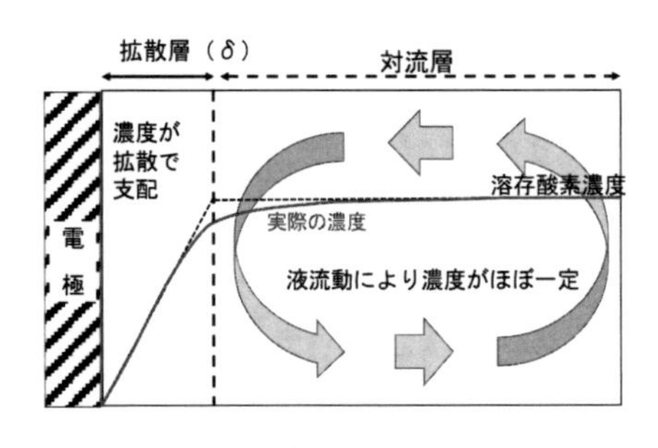

図 4.10　拡散層のイメージ

この状態の解析をマルチフィジックス計算で行うことを考えよう。この場合も図 4.8 で示したように溶液内の流動条件を詳細に設定して解析することが望ましいのであるが，実験系での液流動の条件は計算に用いられるほど正確な情報がないので，この状態を模擬して計算することはあまり意味がない。実際に 500 ml のビーカーの中の水が 25 ℃でどのような動きをしているのかを知ることは，現在の分析技術ではかなり困難である。また，実験室内の温度と溶液温度との差で起きる対流は，それを計算するだけで電極反応を解くための計算時間より莫大な時間を要するので，計算コストの面からも不利である。そこで，図 4.10 で示したように，物質移動は電極表面から拡散層厚み (δ) の中では拡散と泳動，その外側の対流層では液流動があるとして計算することとした。

その結果を図 4.11 に示す [9]。対流層では液流動が存在し，物質の移動速度が大きくなる．その状態を計算機上で模擬するために，本来静止溶液中の移動速度である拡散係数の値を 100 倍から 1000 倍に設定することを行った。計算条件として拡散層厚みを 500 μm と設定し，外側の対流層では拡散係数が 100 倍，500 倍，1000 倍になるとして計算した。拡散係数を 1000 倍程度に大きくすると拡散層で濃度勾配が生じ，対流層での濃度分布が一定であるという拡散層の考え方に一致する状態を示した。この計算方法は簡便であるが，計算結果は妥当な解を与える。

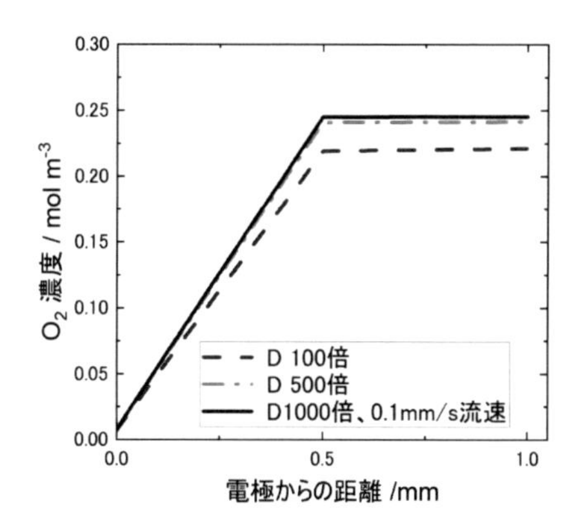

図 4.11　電極からの距離による酸素濃度変化（拡散層を固定した計算）

もう一つの方法として，対流層の中で液流動を設定する方法，ここでは簡易的に遠方から電極方向に向かって流れる流速（対向流速）を与える方法を考える。対向流速を 0.1 mm/sec として計算した結果は，拡散係数を 1000 倍にした場合とほぼ同等の結果が得られた。

また，対流層中を電極方向に流れる対向流速を 0.1 mm/sec と設定し，拡散層厚みを 300 μm から 500 μm に変化させたカソード電流を図 4.12 に示す。いずれの拡散層厚みでもカソード電流密度は酸素拡散限界電流に

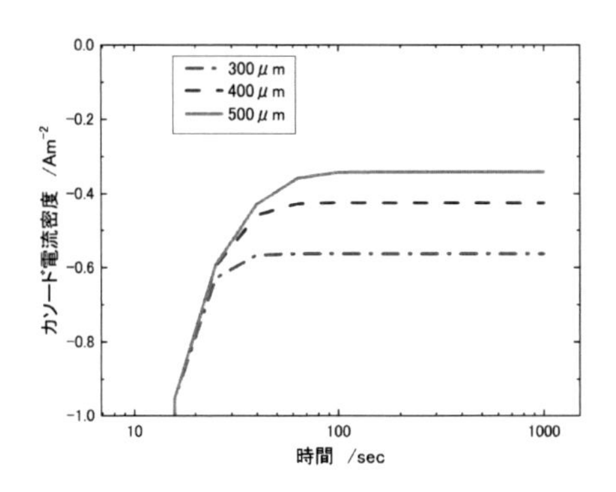

図 4.12　拡散層厚みを変化させた場合のカソード電流密度

なり一定値を示すが，拡散層が 300 μm のとき − 0.6 A/m^2 のカソード電流密度を示し，500 μm における − 0.38 A/m^2 の倍近い値まで大きくなる。

以上の計算を COMSOL Multiphysics で実施し，外部電位を変化させて計算した電流密度の推定値を図 4.13 に示す [10]。計算では，外部電位を −0.26 V から −0.6 V vs. SHE まで変化させた。カソード分極曲線で与えた Tafel 勾配から予測すると，− 0.6 V 近傍で電流密度は 1 A/m^2 以上に増加することになるのだが，拡散層を設定することで電位に依存せ

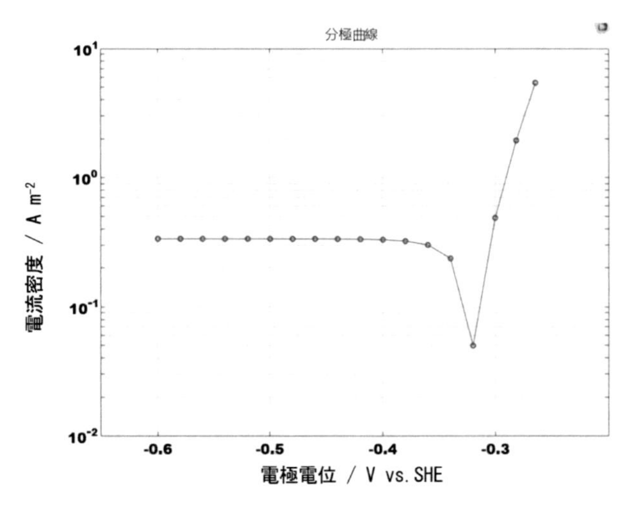

図 4.13　酸素還元電流を示す Fe の分極曲線の計算による予測値

ずに拡散層厚みで決定される。その結果，計算で推定した分極曲線は図 3.7 で示した実験値をよく再現した結果が得られた。

酸素拡散限界電流値は，図 3.7 で示したような分極曲線の測定を行えば実験データとして得ることができる。得られた実験結果での電流密度を i_{lim} (A/m^2) とすると，その値を用いて式 (4.8)[11] で計算することで拡散層厚み δ (m) が求まる。そのため，実際の実験装置での条件から測定した値で数値計算を行うことを推奨する。

$$i_{\mathrm{lim}} = \frac{zFDc^{\infty}}{\delta} \tag{4.8}$$

ここで，酸素還元反応に関わる電子数；z = 4，ファラデー定数；F = 96500 (C/eq)，酸素の拡散係数 $D = 1.8\times10^{-9}$ (m^2/s)，沖合溶液の溶存酸素濃度 $c^{\infty} \simeq 0.25$ (mol/m^3) (25 ℃) である。図 3.7 の結果では i_{lim} = 0.3 (A/m^2) と読み取れるので，式 (4.8) で計算すると，$\delta = 5.8\times10^{-4}$ m ≒ 600 μm となる。

拡散限界電流が表れる現象は電気メッキや電解精錬などでも起きる。電気化学反応を起こす化学種の濃度が低い場合や電極反応速度が大きい場合は拡散限界電流値が存在するので，マルチフィジックス計算する際には考慮が必要である。

4.4　SUS304 鋼の孔食の成長過程

ステンレス鋼やアルミニウム合金では表面に不働態皮膜が形成されるため，腐食が非常に小さく抑えられている。ところがこれらの金属は特定の環境，例えば塩化物イオン濃度が高い水溶液中では，孔食という小さな孔状の腐食を起こす（2.4 節参照）。不働態皮膜の一部が破壊されそこから金属の溶解が起き，その時に金属の電位が高い状態にあると孔食が進展する。この場合に，電位が高いと孔食が楕円球状になりやすく，低い電位では再不働態化もしくは孔食内の一部のみが腐食し続ける形態になる。電位だけでなく，孔食内部のイオン種の濃度（特に pH）の影響でも孔食が進行し続けるかもしくは止まるかが決まる。

ここでは，ステンレス鋼の孔食のモデル計算を試みた。ステンレス鋼の材質は SUS304 鋼，溶液は 0.5 mol/dm^3 の NaCl 水溶液で初期 pH = 6.0 とした。計算は 2 次元軸対称モデルで，孔食の中心部を対称軸とした。計算モデルの概要を図 4.14 の a) に示す。計算対象は孔食部を中心として高さ 0.1 mm，半径 0.5 ㎜の円筒とした。また，計算を簡便化させるために初期孔食を深さ 1 μm，半径 10 μm で与え，孔食部の分極曲線は鈴木ら [12] や Li ら [13] のデータを参考にして設定した。

図 4.14 の b) には分極曲線を示した。不働態部のアノード分極は実測値を与え，カソード分極は酸素還元反応としてターフェル式で与えた。

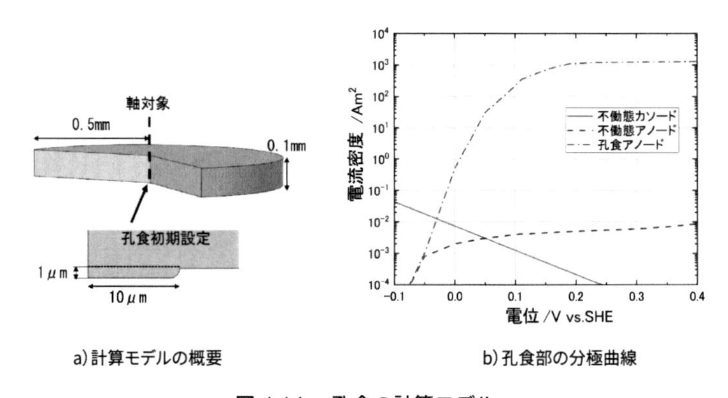

a) 計算モデルの概要　　b) 孔食部の分極曲線

図 4.14　孔食の計算モデル

孔食部では，アノード電流に見合う分だけ 304 鋼が腐食して孔食が成長する過程を計算した。アノード溶解する量は，モル電気量としては 2.2 であり，304 鋼の成分である Fe, Cr, Ni をそれぞれ Fe^{2+}, Cr^{3+}, Ni^{2+} イオンとして電気量相当分のモル比 (0.786：0.197：0.087) で溶解させた。計算時間は孔食の成長が顕著に認められる 30 分間とした。

溶液中の化学反応としては，Cr の加水分解反応式 (4.9) と水の解離反応式 (4.10) の 2 種類のみを考慮した。

$$Cr^{3+} + 3H_2O \rightleftharpoons Cr(OH)_3 + 3H^+ \tag{4.9}$$

$$H^+ + OH^- \rightleftharpoons H_2O \tag{4.10}$$

反応の平衡定数と正方向の反応定数の値について，式 (4.9) は $K_{eq} = 1.62\times10^{-10}$，$K_f = 1.0\times10^{-14}$ (m^3/sec・mol^3)，式 (4.10) は $K_{eq} = 8.52\times10^{-12}$，$K_f = 1.80\times10^{-13}$ (1/sec) を採用した [14]。

図 4.15 に，初期設定の孔食と 10，20，30 分後の孔食の形状を示す。図から孔食が徐々に半楕円球型に成長していることが分かる。初期設定では孔食部を平面的な形状に設定したが，孔食成長に伴い中心部が大きく腐食し，かつ半径方向に広がって成長していく。最終的な形状は 2.4 節の図 2.4 に示した実際の孔食形状と非常によく似ている。これは計算上，アノード電流が中心部で大きく掘れていく方向に流れ，また孔食の周辺部では広がっていく方向に流れて行くためであり，外部の不働態と中心部で電位勾配ができていることに起因する。すなわち，計算により実際の孔食成長過程をかなりの精度で再現できていると言える。

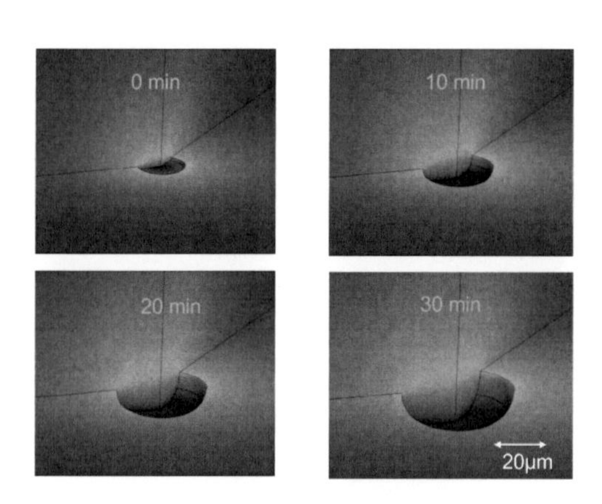

図 4.15　孔食成長の計算結果

孔食部周辺の電位と電流線分布を図 4.16 に示す。NaCl 濃度が比較的高く，導電率が大きいために電位分布の値の差は小さいが，孔食内部と外部とで約 2 mV の電位差が生じていて，孔食内部の電極電位が低くなっている。断面の形状変化では，初期に設定した孔食が a) 0 sec で示されているが，b) 30 min 後の図では断面の形状が半球状に成長していることが良く分かる。

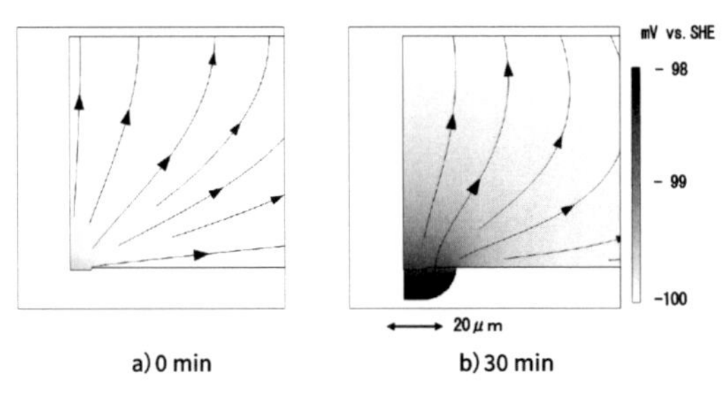

図 4.16　孔食周辺部の電位と電流線分布

また，孔食の入口部の pH と各化学種の濃度変化を図 4.17 に示す。pH は Cr の加水分解によって下がるものの，計算結果は 3.0 近傍で留まっている。化学種は SUS304 の溶解に伴って Fe^{2+} と Ni^{2+} が増加するが，式 (4.9) の加水分解反応により Cr^{3+} の増加は止まっている。

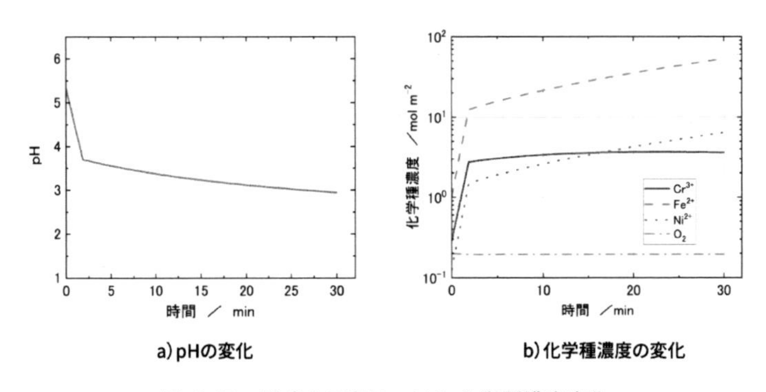

図 4.17　孔食入口部の pH と化学種濃度変化

これらの結果は計算により推定されたものであるが，過去の文献 [15] に示された結果とは一致しないものもある。特に pH については実験結果から推定されたものより高い値（3.0 近傍）になっているので，現状の化学反応の設定ではまだ十分に評価できない現象が起きている可能性がある。しかしながら，電位電流分布や形状変化は非常によく再現できていて，計算でしか見ることができない結果を示せている。特に，分極曲線のみを与えることで孔食の形状が半球状になることが示せたのは重要な意味を持つ [16]。

4.5 ステンレス鋼のすきま腐食

ここでは，すきま腐食現象について，マルチフィジックス計算を用いてすきま内部の環境を推定することを試みる [17]。試験片としては，SUS304 鋼を 2 枚重ねて形成したすきまを考慮する。すきまの入口から 4 ㎜の長さまでを計算対象とした。

すきま腐食の計算モデルは図 4.18 に示した 2 次元の軸対称モデルとした。すきまの外部は拡散層の影響がある 500 μm までを考慮し，高さも 2 ㎜とした。また，すきまのギャップは軸対称を考慮して 10 μm で計算したが，実際には 20 μm である。メッシュは，マップト (Mapped) と呼ばれるメッシュ幅を等比数列にしてすきま入口部を非常に細かくする手法で計算した（図 4.19）。

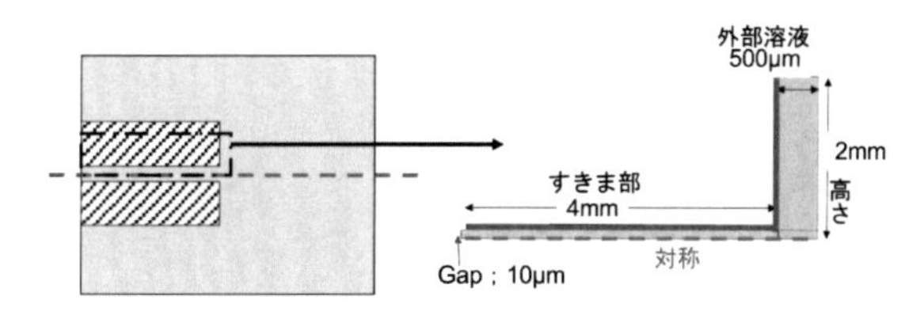

図 4.18　すきま腐食試験片の断面形状と計算モデル

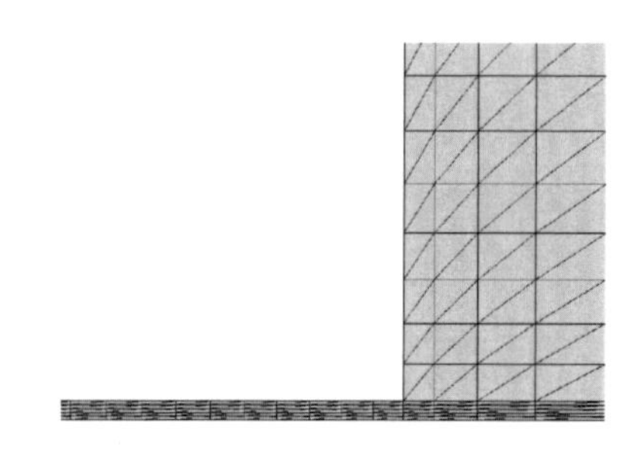

図 4.19　計算に用いたメッシュ（すきま入口部）

すきま外部のステンレス鋼は不働態として分極曲線を設定し，すきま内部のアノード反応は辻川らが報告した塩化物イオン濃度とモデルすきま部の電流の関係（図 2.8 で説明）より，電位と塩化物イオン濃度をパラメータとする分極曲線を設定した [18, 19]。図 2.8 では塩化物イオン濃度を変化させた複数のグラフが描かれていたので，その結果を読み取り数値化して図 4.20a) に示す。塩化物イオン濃度が異なる 6 本の分極曲線が得られた。また，これらの分極曲線について電位を X 軸，塩化物イオン濃度を Y 軸，電流密度を Z 軸にした 3 次元の数値関数として表形式に入力したデータを直線的に内挿した 3 次元の分極曲線を図 4.20b) に示す。塩化物イオン濃度 0 の時の分極曲線は不働態の分極曲線である。この 3 次元分極曲線を用いることで，初期にすきま内の塩化物イオン濃度が低くてステンレス鋼が不働態化していても，すきま内の塩化物イオン濃度が徐々に上昇し、臨界濃度を超えることですきま腐食が発生する遷移過程を計算することが可能になる。

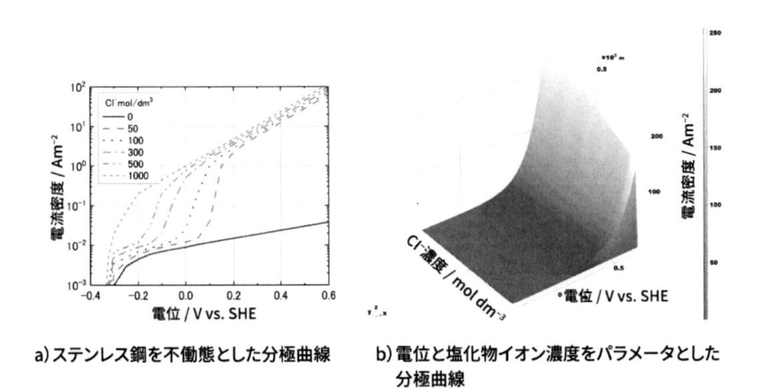

a) ステンレス鋼を不働態とした分極曲線　　b) 電位と塩化物イオン濃度をパラメータとした分極曲線

図 4.20　すきま腐食計算用の SUS304 鋼のアノード分極曲線

また，すきま内で発生する金属イオンの加水分解反応としては，表 4.2 に反応定数を示した化学種だけを考慮した[1]。

1　反応定数は濃度を mol/m^3 で考慮したものであり，mol/dm^3 で示された値から換算した。また，k_f については値が示されていないものは平衡までの時間を考慮して推定した。

表 4.2　すきま腐食計算に使用した反応の平衡定数と k_f

反応式	平衡定数	k_f（単位）
$Cr^{3+}+H_2O = CrOH^{2+}+H^+$	2.3×10^{-6}	1.0×10^{-5}(m^3/s・mol)
$CrOH^{2+}+H^++Cl^- = CrCl^{2+}+H_2O$	1.0×10^{-5}	1.0×10^{-7}(m^3/s・mol)
$Cr^{3+}+Cl^- = CrCl^{2+}$	1.9×10^{-3}	1.0×10^{-4}(m^3/s・mol)
$Fe^{2+}+H_2O = FeOH^++H^+$	1.8×10^{-12}	1.0×10^{-14}(m^3/s・mol)
$Fe^{2+}+Cl^- = FeCl^+$	4.3×10^{-3}	1.0×10^{-6}(m^3/s・mol)
$H_2O = H^++OH^-$	1.8×10^{-13}	1.2×10^{-11}(1/s)

解析した結果を図 4.21 に示す。a) で示したすきま内の DO（溶存酸素）濃度は急激に減少して数分でほぼ 0 となる。これはカソード反応で酸素が消費されるものの，外部から酸素が拡散する速度が小さいために，すきま内はほぼ酸素のない状態になるからである。そのため，すきま内部では b) で示すようにアノード電流がより大きく流れ，その結果すきま外部がカソードとなるマクロセルを作ることになる。ここでは示していないが，その電流が流れるためには溶解した金属イオンがすきまの外に流出するか，外部からアニオン（塩化物イオン）が流入する必要がある。このときイオンの移動度は金属イオンよりも塩化物イオンの方が大きいため，すきま内の塩化物イオン濃度が上昇してくる。また，すきま内部では金属イオン（特に Cr^{3+} イオン）が加水分解反応を起こすために，c) に示すように pH が下がってくる [20]。

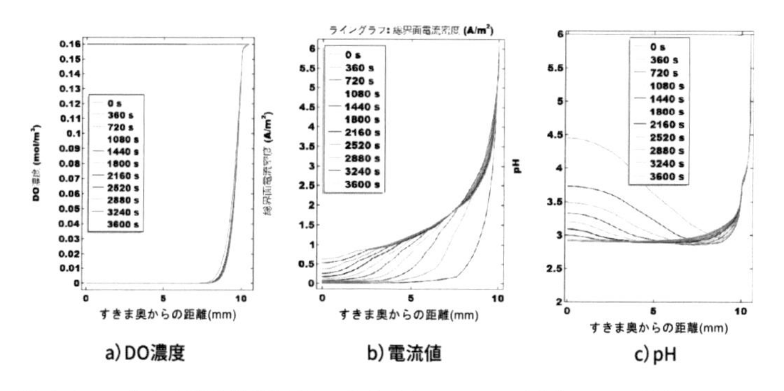

図 4.21　すきま腐食計算結果，すきま内の a) DO 濃度，b) 電流値，c) pH

これらの傾向は既に報告されているすきま腐食の測定結果を再現するものであり，その意味でマルチフィジックス計算はすきま腐食現象をよく再現できると言える [21]。しかしながら，4.4 節に示した孔食の計算例と同様に，報告されているすきま内部の pH の値は 1 以下で，場合によってはこれより小さい値である [15, 22, 23]。計算ではすきま内部でも pH3 程度で留まっており，その点では実験値の再現までには到っていない。

その理由として，溶液中の化学種の濃度の増加に伴って水素イオンの活量係数が増加することが考えられる。高橋は数多くの実験値を整理することで，各種金属イオン塩化物の水溶液の濃度と H^+ イオンの活量係数の関係を示している [24]。特にすきま腐食で関係の深い Fe, Cr, Ni の溶液での結果を図 4.22 に示す。縦軸は H^+ イオンの活量係数の log 値であり，金属塩化物の濃度の増加に伴い log で直線的に活量係数が大きくなっていることが示されている。

深谷らは高橋が示した図の値を参考に，濃厚溶液中で H^+ イオンの活

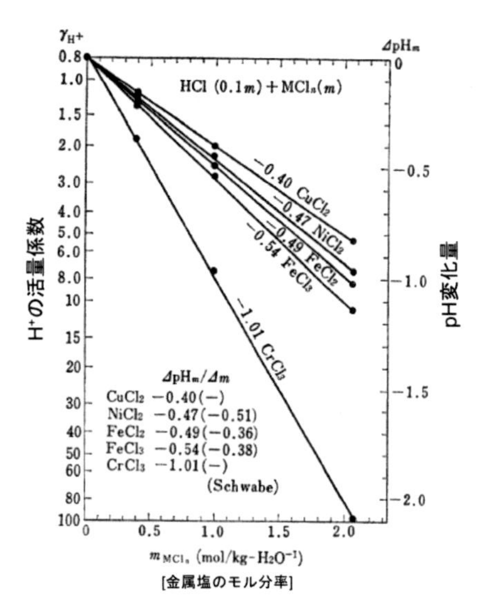

図 4.22　金属の塩化物溶液の濃度と H^+ イオンの活量係数の関係（[24] より転載）

量係数を予測する計算法を提示している [25]。その計算法を参考に，pH値 (pHa) を計算した。なお，SUS304 ステンレス鋼が溶解することで生成する Fe, Cr, Ni 各イオンが全て塩化物 ($FeCl_2$, $CrCl_3$, $NiCl_2$) として溶けた場合のそれぞれの濃度を，図 4.22 で示したグラフの横軸にあてはめて縦軸の H^+ の活量係数を読み取り，それら 3 つの値を足し合わせたものを H^+ イオンの活量係数として考慮した。pHa 値は最も活量係数を変化させる効果が大きい $CrCl_3$ 濃度で支配されるため，横軸に Cr 濃度，縦軸に pHa 値を取ったグラフを図 4.23 に示す。比較のため，活量係数を考慮しない H^+ イオン濃度から求めた pH も示す。

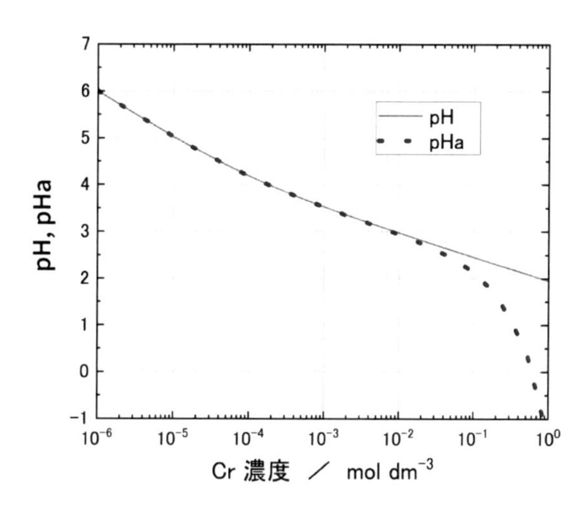

図 4.23　高濃度 Cr 水溶液での H^+ の活量変化を考慮した pHa 値

活量係数を考慮しない pH は Cr 量の増加に伴い徐々に低下するが，活量係数を考慮した pHa は Cr 濃度が 10^{-2} mol・dm^{-3} 以上になると pH よりも急激に低下する。図 4.23 では，1 mol・dm^{-3} の pH は 2 程度であるが，pHa は − 1 近くである。これは活量係数 (γ_{H^+}) が 10^3 (1000) 程度になることを示している。すでに示したすきま部の pH 低下により水素ガスが発生しているとの報告は，この活量係数の変化による影響が大きく作用するものである。電位などの熱力学パラメータは pHa に従うため，反応の進みやすさは pHa に影響を受ける。しかし，実際の H^+ イオン濃度はそれほど高くなっているわけではないので，pHa が小さくなるに従って H^+ イオンの還元反応により水素が発生しやすくなる。一方，水素ガスの発生量は H^+ イオン濃度に従うので，pHa が小さくなっても発生量が多くなるわけではないということに留意しなければならない。

さらに，すきま腐食の進行状態を観察した結果，すきま内部は均一に腐食しているのではなく，すきまの入口付近の腐食が他の部位よりも大きいという事例 [26] がいくつか示されている。そこで，すきま入口部で腐食が激しくなる条件を設定して解析した。すきまギャップは 10 μm，奥までの深さは 5 ㎜とした。

解析結果を図 4.24 に示す。Cr 系の各化学種の濃度を左軸に，pH, pHa を右軸に示す。時間ステップは 1 分刻みで 30 分まで計算した。

時間と共に各種イオン濃度が上昇し，それに伴って pH, pHa は小さくなっている。入口付近の pH は 2.5 程度で留まっているが，pHa は徐々に低下して 1.5 程度まで下がっている。これは金属イオン（特に Cr^{3+}）の加水分解反応により H^+ イオンが生成するが，入口付近ではすきまの外

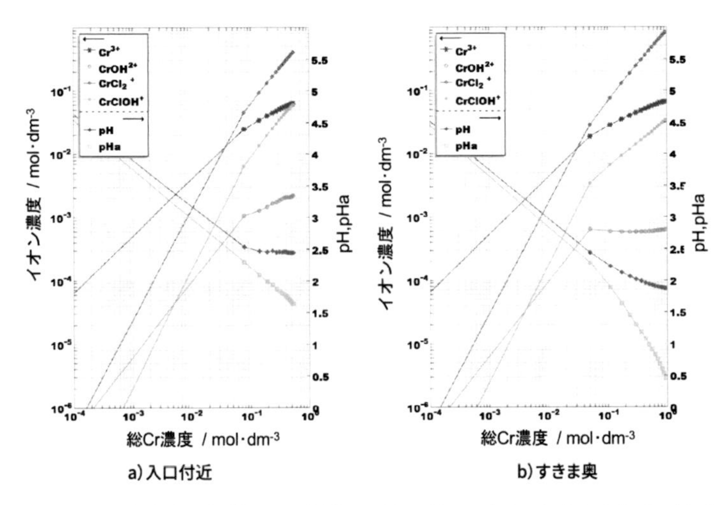

図 4.24　すきま内の各種イオン濃度と pH，pHa の変化,a) すきま入口，b) すきま奥

側の溶液に拡散していく量が多くなり増加は止まるためである。その代わり，Cr 塩化物量の増加に伴って H^+ イオンの活量係数が大きくなっているため pHa の減少が起きたと考えられる。

すきまの奥部では入口よりも各種イオン濃度が高く，pHa もより低くなっている。これは，この部位での腐食量はそれほど大きくないが，入口で生成した各種イオンがすきまの奥側に拡散することでイオン濃度が高くなるためである。さらに，すきま内部がアノード，すきま外部がカソードとなるため，電流の流れに伴い外部からアニオンである塩化物イオンが泳動し，すきま内部の塩化物イオン濃度が非常に高くなる。

4.6　高温水中でのステンレス鋼表面の皮膜生成

沸騰水型原子力発電炉 (BWR) におけるオーステナイトステンレス鋼の応力腐食割れ (SCC) は，2000 年前後の点検時に 1 次冷却水の配管を中心に数多く検出された。それ以来，SCC の発生と進展機構の解析，緩和対策が大きな課題である [27]。SCC き裂内部の物質移動は未知の部分が多い現象であるため，実験的な解析にマルチフィジックス計算を組み合わせて検討した内容を簡単に示す。

実際の設備で発生する SCC をモデル化して計算する場合，計算のためのパラメータについて正確な情報が得られない。そこで，計算でも再現しやすい簡単な形状で，かつ計算のためのパラメータが得やすい条件を設定して試験を行い、そのモデルで計算を試みた [28- 30]。また，SCC という割れにつながる力学的な影響まで一気に計算するのは大変なので、まずはき裂の内部をすきま形状と考えてその中での電気化学的条件と物質移動、それに化学反応を組み合わせた試験と解析を行った。

そのために，BWR の模擬溶液でテーパーつきのすきま形状の試験片を用いた試験を行った。図 4.25 a) には，試験に用いた試験片の構造，b) には 288 ℃，溶存酸素濃度 2 ppm の高温水中に 100 時間浸漬試験を行った後の試験片内面の写真を示す。すきま幅に差があるので，腐食生成物の量や構造の差異が色の違いで確認でき，特にテーパーに従って舌状の腐食生成物の発色が認められた。これは外部から拡散する酸素量等が異なっているためと推定し，マルチフィジックス計算を試みた。

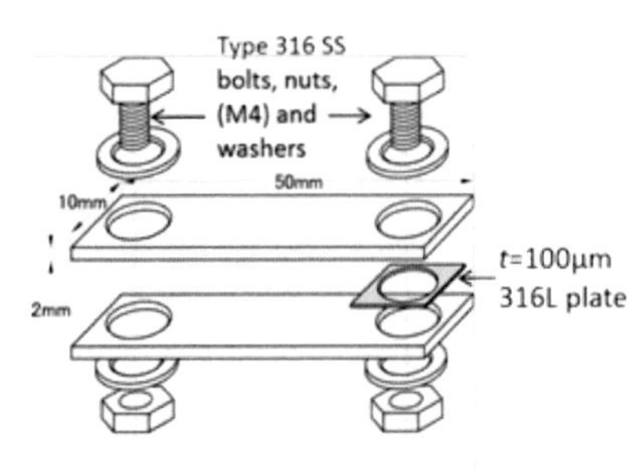

a) 試験片の構造

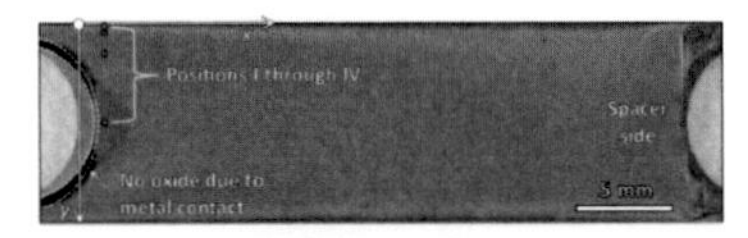

b) 試験後の内面

図 4.25　高温水でのすきま形状試験片

計算モデルは図 4.26 に示すように，実際の試験片を断面方向で 1/4 に切断した断面の 3 次元形状とした。溶液側の接している面は，溶液を拡散層厚みと推定される 0.5 mm の領域で計算した。電極反応はアノード反応として SUS304 鋼の溶解，カソード反応としては酸素の還元反応を設定した。アノード分極曲線は橘らの実測値 [31] からターフェル式をあて

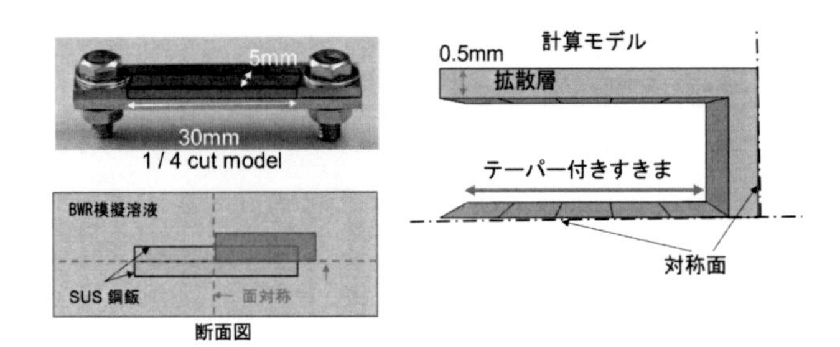

図 4.26　高温におけるすきま形状の 3 次元計算モデル

表 4.3 高温 3 次元すきま計算パラメータ

	SUS アノード	SUS カソード
平衡電位 (V vs. SHE)	− 0.4	0.35
交換電流密度 (A/m^2)	1.0×10^{-3}	2.0×10^{-5}
Tafel 勾配 (V/decade)	0.2	− 0.145
DO の拡散係数 (288℃)	1.5×10^{-8} (m^2/s)	

はめ，カソード分極曲線は Kim の実験値 [32] にカソードターフェル式を当てはめて，表 4.3 の値で計算した。電位・電流線解析と溶存酸素の拡散のみを計算し，溶存酸素の拡散係数は佐藤らの実験値を用いた [33]。

図 4.27 はすきま内部の酸素濃度をコンター図で示したものである。時間と共にすきま内部の酸素濃度が減少していくのが分かる。また，この濃度分布は，図 4.25 で示した酸化した表面の舌状の形状と一致している。おそらくこの領域で酸素濃度が早く低くなったために，酸化膜厚が薄くなり，このような外観になったものと推定できる。マルチフィジックス計算では電極反応と拡散とを合わせて計算ができるため，このような結果も容易に得られる。

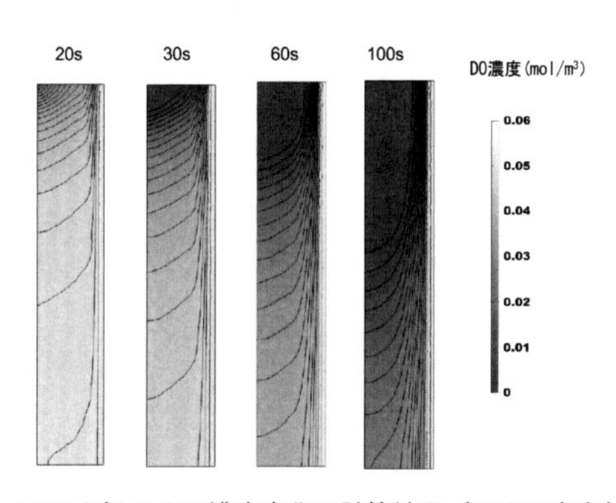

図 4.27 すきま部の DO 濃度変化の計算結果（すきま中央対称面）

3 次元形状では詳細な解析を行うには計算時間がかかるため，3 次元モデルの中央部の 2 次元断面でより詳細な解析を行った。そのモデル形状を図 4.28 に示す。計算はステンレス鋼のすきま腐食で行ったものと同様の手法で行った。拡散係数は，酸素の実測値 [33] のアレニウスプロットを各化学種にも当てはめて推定した。それらの値を表 4.4 に示す。生成する酸化物は実験により検出された Fe_2O_3，$FeCr_2O_4$，$NiFe_2O_4$，Fe_3O_4 とし，それぞれの反応の平衡定数は HSC Chemistry [34] により 288 ℃の値として計算した結果を用いて，k_f は収束に合わせて設定した。それらの値を表 4.5 に示す。

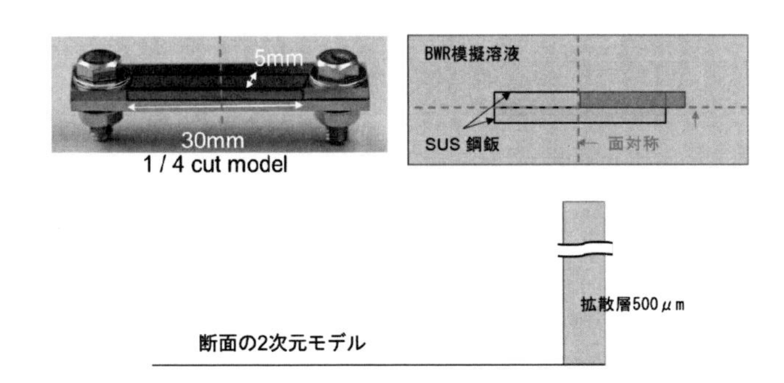

図 4.28　すきま内の腐食生成物予測モデル（すきま中央部 2 次元解析）

表 4.4　計算に用いた拡散係数 (288 ℃)

化学種	D(cm²/s)
H^+	1.0×10^{-3}
Ni^{2+}	1.3×10^{-5}
Fe^{2+}	1.3×10^{-5}
Cr^{3+}	1.1×10^{-5}
OH	5.8×10^{-4}
Cl^-	2.2×10^{-4}
O_2	1.5×10^{-4}

表 4.5　高温の酸化物生成反応の平衡定数 (K_{eq}) と k_f (288 ℃)

反応式	平衡定数	K_f (単位)
$4Fe^{2+}+O_2+4H_2O = Fe_2O_3+8H^+$	3.67×10^{24}	$1.0 \times 10^{-12}(m^{24}/s \cdot mol^8)$
$Fe^{2+}+2Cr^{3+}+4H_2O = FeCr_2O_4+8H^+$	5.00×10^{2}	$1.0 \times 10^{-19}(m^{18}/s \cdot mol^6)$
$4Fe^{2+}+2Ni^{2+}+O_2+6H_2O = 2NiFe_2O_4+12H^+$	1.75×10^{24}	$1.0 \times 10^{-25}(m^{36}/s \cdot mol^{12})$
$6Fe^{2+}+O_2+6H_2O = 2Fe_3O_4+12H^+$	7.0×10^{20}	$1.0 \times 10^{-20}(m^{36}/s \cdot mol^{12})$
$H_2O = H^++OH^-$	4.57×10^{-12}	$1.2 \times 10^{-8}(1/s)$

計算は外部の溶存酸素濃度が 2 ppm と 500 ppb の 2 条件で行った。図 4.29 には，DO が 2 ppm の条件における計算結果を示す。a) では溶液の電位はすきまの外部が高く，内部に向かって低くなっている。それと合わせるようにすきま内部は電流値が正で大きくなる，すなわちアノード電流が大きくなっていることが示される。b) では，溶存酸素濃度はすきまの外部に近いところではほぼ外部溶液と同じであるが，内部に向かって減少していき，奥の方ではほぼ 0 になっていることが示される。すきま内部で消費される酸素量が外部から拡散してくる量よりも大きいために，内部では酸素が枯渇していることがわかる。

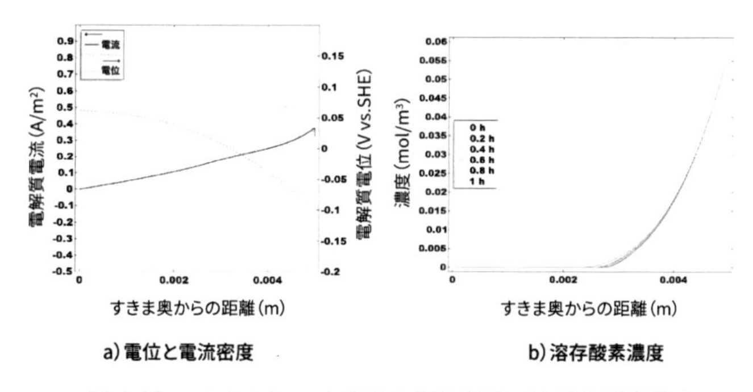

a) 電位と電流密度　　b) 溶存酸素濃度

図 4.29　すきま内の a) 電位と電流密度，b) 溶存酸素濃度

図 4.30 にはすきま内部の腐食生成物量の分布を計算した結果を示す。$NiFe_2O_4$ は皮膜中にほとんど存在しない計算結果になったが，実際の試験では皮膜の外側で検出されているので，反応の平衡定数が実際と異なり小さな値になっていることが考えられる。最も多く生成すると計算結果が出たのは Fe_2O_3 であり，すきまの外部に近い部分に多く存在している。これは図 4.29b）の溶存酸素濃度の高い部位になり，実験結果とも一致している。また，$FeCr_2O_4$ の濃度はすきまの内側で高くなっており，溶存酸素濃度が低い部分で多く存在する。Fe_3O_4 は両者のちょうど中間の部分に多く存在し，溶存酸素濃度が中程度の部位で多く生成することを示している。溶存酸素濃度の違いを比較すると，溶存酸素濃度が低い 500ppb の場合は Fe_2O_3 も Fe_3O_4 も，よりすきまの外側に近いところに多く生成

していることが分かる。これに対して，$FeCr_2O_4$ は溶存酸素濃度の影響をあまり受けていない。鉄の酸化物である Fe_2O_3 や Fe_3O_4 の生成量は溶存酸素の影響を敏感に受けるが Cr の比率の多い $FeCr_2O_4$ は溶存酸素の影響を受けにくいということが分かる。実際の皮膜解析結果においても $FeCr_2O_4$ は酸化被膜の下層の地鉄に近い領域に分布して，酸素のポテンシャルが低い部分で生成することが知られており，これらの結果は実験結果と非常に整合性が高い [28]。

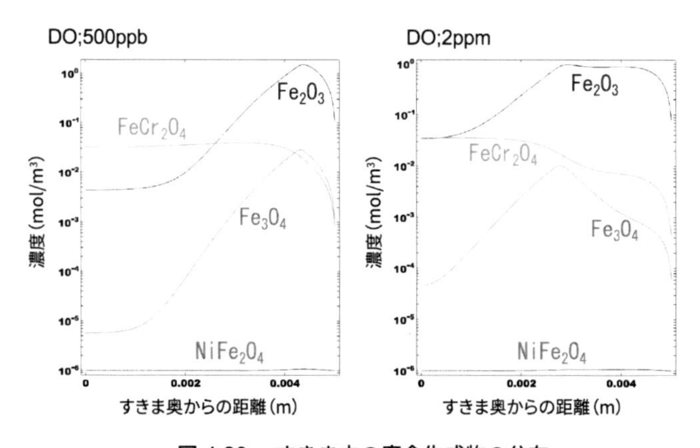

図 4.30　すきま内の腐食生成物の分布

すなわち，電気化学反応と化学種の拡散泳動，さらに化学反応を連成させたマルチフィジックス計算は，高温水中の腐食現象を詳細に説明する有効なツールとして使えることが示される。

参考文献

[1] アルミニウム合金陽極：例えば日本防蝕ウェブサイト
https://www.nitibo.co.jp/products/p01/p011/（2022 年 9 月 2 日参照）

[2] 山本正弘，増田一広，吉田耕太郎，加藤忠一：第 39 回腐食防食討論会 B-109.

[3] 日本溶融亜鉛鍍金協会「亜鉛めっきについて－溶融亜鉛めっきとは」
https://www.aen-mekki.or.jp/mekki/tabid/72/Default.aspx（2022 年 9 月 2 日参照）

[4] 計測エンジニアリングシステム（株）事例集
https://kesco.co.jp/cases/4069/（2022 年 9 月 2 日参照）

[5] 『金属の腐食・防食 Q&A　電気化学入門編』（腐食防食協会 編），p.309，丸善出版 (2002).

[6] 『腐食防食ハンドブック CD-ROM 版』（腐食防食協会 編），単位換算表，丸善出版 (2005).

[7] 富田幸雄：『水力学』，p.86，実教出版 (1982).

[8] 前田正雄：『電極の化学』，p.104，技報堂 (1961).

[9] 山本正弘：材料と環境，pp.97-100 (2022).

[10] 計測エンジニアリングシステム（株）事例集
https://kesco.co.jp/cases/5590/ (2022 年 10 月 7 日参照).

[11] 春山志郎：『表面技術者のための電気化学』p.77，丸善出版 (2001).

[12] 鈴木紹夫，北村義治：防蝕技術，17, 535 (1968).

[13] T. Li, J. Wu, G.S. Frankel: *Corrosion Science*,182,109227 (2021).

[14] 『腐食防食ハンドブック CD-ROM 版』（腐食防食協会 編），付録，代表的な電位-pH 図，丸善出版 (2005).

[15] 鈴木紹夫，北村義治：防触技術，18, p.100 (1969).

[16] 計測エンジニアリングシステム（株）事例集
https://kesco.co.jp/cases/5306/（2022 年 9 月 2 日参照）

[17] 佟立柱，小澤和夫，山本正弘：第 66 回材料と環境討論会，B-108 (2019).

[18] S. Tsujikawa, Y. Sone, Y. Hasamatsu: *Proc conf.* NPL Oct 1-3 (1984).

[19] 佐藤教男『電極化学（下）』，p.435，日鉄技術情報センター (1994).

[20] 計測エンジニアリングシステム（株）事例集
https://kesco.co.jp/cases/4208/（2022 年 9 月 2 日参照）

[21] 山本正弘：計算工学，25，15 － 18 (2020).

[22] 小川洋之，伊藤功，中田潮雄，細井祐三，岡田秀弥：鉄と鋼，63, p.605 (1977).

[23] 野瀬清美，梶村治彦，宮本浩一郎，義信達夫：材料と環境，69, pp.40 － 48 (2020).

[24] 高橋正雄：防蝕技術，23, pp.623-637 (1975).

[25] 深谷祐一，篠原正：第 66 回材料と環境討論会，B-107 (2019).

[26] 篠原正，辻川茂男，増子昇：防蝕技術，39, pp.238-246 (1990).

[27] 鈴木俊一：材料と環境, 48, pp.753-762 (1999).

[28] Y. Soma, C. Kato, M. Yamamoto: *Corrosion*, 70, pp.366-374 (2014).

[29] M. Yamamoto, T. Sato, T. Igarashi, F. Ueno, Y. Soma: Proc, 4.3 *Eurocorr* 2017, Paper No. 83021 (2017).

[30] 相馬康孝，上野文義，山本正弘：第 64 回材料と環境討論会，E-310 (2017).

[31] M. Tachibana, K. Ishida, Y. Wada, M. Aizawa, M. Fuse: *J. Nucl. Sci. & Technol.*, 46, pp.132-141 (2009).

[32] Y. J. Kim: *Corrosion*,55, pp.456-451 (1999).

[33] 佐藤智徳，山本正弘，塚田隆，加藤千明：材料と環境，64, pp.91-97 (2015).

[34] HSC Chemistry
http://www.hsc-chemistry.net/（2022 年 9 月 2 日参照）

あとがき

金属の腐食問題をマルチフィジックス計算で解析するために必要な基礎理論，ならびに腐食現象について簡単に示し、その後にマルチフィジックス計算を行った例を筆者の経験をもとにまとめてみた。実際の計算はソフトウェアの特徴もあるので具体例として示せていないが、それぞれのマニュアルやウェブサイトなどに記載されている計算方法などを参考にしていただきたい。

筆者が腐食問題のマルチフィジックス計算を本格的に始めてからまだ5年程度しかたっていないので，例題として示せるものもあまり多くなかったことを少し残念に思っている。しかし、まだ論文などで公開していない計算結果がいくつかあり，それぞれにマルチフィジックス計算でなければ明らかにできなかったことが見つかりつつある。腐食問題のマルチフィジックス計算の有効性を将に感じているところである。ぜひ皆さんも試してみられることを強く推奨する。

私は,『実験屋』とか『計算屋』というように研究者を区別することが好きでない。『計算屋』と呼ばれる人が,『実験屋』の話を聞いてそれを解析するという手法では本当に優れた解析結果は出てこないのではないか,と思っている。計算が強い研究者は，ぜひ実験を行ってみて実際に起きている現象を自分の目で見て確かめて欲しい。また，実験を主に行っている研究者・技術者の方も数値計算を実際に経験して，実験的な常識でとらえていた現象が理論的な説明とは異なっているという事実を知り，新たな実験法を行うための手がかりとして欲しい。

計算科学の分野では,『V & V』(Verification and Validation) という言葉が頻繁に使われている。この言葉は，ソフトウェアがきちんと作動することを確認するためには計算精度の検証と問題を解くためのモデルの妥当性を確認する必要がある，という意味と思っている。腐食問題のマルチフィジックス計算においては，Verification はソフト開発を行っている技術者に任せるしかなく，かつそれほど重要な課題ではないと個人的には感じている。しかし，Validation については非常に重要で，実際に腐食が起きている現場の情報や腐食現象に関しての知識を計算結果に反映させることが必須である。本書における記載内容を参考にそれぞれ検討していただければと希望している。

また，本書で取り上げた腐食現象は金属材料の腐食という観点では、十分に網羅できている訳ではない。材料としては鉄鋼材料中心であり、それ以外の多くの材料については触れていない。また，腐食現象としても取り上げていないものがいくつかある。例えば，土壌中やコンクリート中の腐食のような水の流動が阻害されている環境，逆に流速が大きい配管中の流動下腐食，さらには高温酸化と呼ばれるガスや水蒸気と金属との反応などである。機会と時間的な余裕があれば，今後考えていきたいと思っている。

最後に，本書を出版するにあたり多大なご協力をいただいた計測エンジニアリングシステム株式会社　代表取締役 岡田求様，首席研究員 佟立柱様，ならびに同社の皆様に深くお礼を申し上げます。

索引

な

は

ま

や

ら

わ

著者紹介

山本 正弘（やまもと まさひろ）

1981年　大阪大学理学部化学科 修士課程修了、新日本製鐵株式会社 基礎研究所入社。鉄鋼材料の腐食防食の研究を実施する傍ら大阪大学工学研究科 博士(工学)を取得。
1997年　科学技術庁金属材料技術研究所に出向して国のプロジェクトにも参加。
2006年　日本原子力研究開発機構 原子力基礎工学研究センター勤務。
2018年　公益社団法人 腐食防食学会会長
現　在　東北大学客員教授

COMSOL Multiphysicsのご紹介

COMSOL Multiphysicsは，COMSOL社の開発製品です。電磁気を支配する完全マクスウェル方程式をはじめとして，伝熱・流体・音響・固体力学・化学反応・電気化学・半導体・プラズマといった多くの物理分野での個々の方程式やそれらを連成（マルチフィジックス）させた方程式系の有限要素解析を行い，さらにそれらの最適化（寸法，形状，トポロジー）を行い，軽量化や性能改善策を検討できます。一般的なODE（常微分方程式），PDE（偏微分方程式），代数方程式によるモデリング機能も備えており，物理・生物医学・経済といった各種の数理モデルの構築・数値解の算出にも応用が可能です。上述した専門分野の各モデルとの連成も検討できます。

また，本製品で開発した物理モデルを誰でも利用できるようにアプリ化する機能も用意されています。別売りのCOMSOLコンパイラやCOMSOLサーバーと組み合わせることで，例えば営業部に所属する人でも携帯端末などから物理モデルを使ってすぐに客先と調整をできるような環境を構築することができます。

本製品群は，シミュレーションを組み込んだ次世代の研究開発スタイルを推進するとともに，コロナ禍などに影響されない持続可能な業務環境を提供します。

【お問い合わせ先】
計測エンジニアリングシステム（株）事業開発室
COMSOL Multiphysics 日本総代理店
〒101-0047 東京都千代田区内神田1-9-5 SF内神田ビル
Tel: 03-5282-7040　　Mail: dev@kesco.co.jp
URL：https://kesco.co.jp/service/comsol/

※COMSOL，COMSOL ロゴ，COMSOL MultiphysicsはCOMSOL AB の登録商標または商標です。

◎本書スタッフ
編集長：石井 沙知
編集：山根 加那子
組版協力：阿瀬 はる美
図表製作協力：菊池 周二
表紙デザイン：tplot.inc 中沢 岳志
技術開発・システム支援：インプレスR&D NextPublishingセンター

●本書に記載されている会社名・製品名等は，一般に各社の登録商標または商標です。本文中の©，®，TM等の表示は省略しています。
●本書は『マルチフィジックス計算による腐食現象の解析』（ISBN：9784764960428）にカバーをつけたものです。

●本書の内容についてのお問い合わせ先
近代科学社Digital　メール窓口
kdd-info@kindaikagaku.co.jp
件名に「『本書名』問い合わせ係」と明記してお送りください。
電話やFAX，郵便でのご質問にはお答えできません。返信までには，しばらくお時間をいただく場合があります。なお，本書の範囲を超えるご質問にはお答えしかねますので，あらかじめご了承ください。

●落丁・乱丁本はお手数ですが、（株）近代科学社までお送りください。送料弊社負担にてお取り替えさせていただきます。但し、古書店で購入されたものについてはお取り替えできません。

マルチフィジックス計算による腐食現象の解析

2024年6月30日　初版発行Ver.1.0

著　者　山本 正弘
発行人　大塚 浩昭
発　行　近代科学社Digital
販　売　株式会社 近代科学社
〒101-0051
東京都千代田区神田神保町1丁目105番地
https://www.kindaikagaku.co.jp

◉本書は著作権法上の保護を受けています。本書の一部あるいは全部について株式会社近代科学社から文書による許諾を得ずに、いかなる方法においても無断で複写、複製することは禁じられています。

©2024 Masahiro Yamamoto. All rights reserved.
印刷・製本　京葉流通倉庫株式会社
Printed in Japan

ISBN978-4-7649-0702-7

近代科学社 Digital は、株式会社近代科学社が推進する21世紀型の理工系出版レーベルです。デジタルパワーを積極活用することで、オンデマンド型のスピーディでサステナブルな出版モデルを提案します。

近代科学社 Digital は株式会社インプレス R&D が開発したデジタルファースト出版プラットフォーム "NextPublishing" との協業で実現しています。

豊富な事例で有限要素解析を学べる！ 好評既刊書

有限要素法による電磁界シミュレーション
マイクロ波回路・アンテナ設計・EMC 対策

著者：平野 拓一

印刷版・電子版価格（税抜）：2600 円

A5 版・220 頁

詳細はこちら ▶ 

次世代を担う人のための マルチフィジックス有限要素解析

編者：計測エンジニアリングシステム株式会社

著者：橋口 真宜 / 佟 立柱 / 米 大海

印刷版・電子版価格（税抜）：2000 円

A5 版・164 頁

詳細はこちら ▶ 

マルチフィジックス有限要素解析シリーズ 第 1 巻

資源循環のための分離シミュレーション

著者：所 千晴 / 林 秀原 / 小板 丈敏 / 綱澤 有輝 /
　　　淵田 茂司 / 髙谷 雄太郎

印刷版・電子版価格（税抜）：2700 円

A5 版・222 頁

詳細はこちら ▶ 

発行：近代科学社 Digital　発売：近代科学社

あなたの研究成果、近代科学社で出版しませんか？

- ▶ 自分の研究を多くの人に知ってもらいたい！
- ▶ 講義資料を教科書にして使いたい！
- ▶ 原稿はあるけど相談できる出版社がない！

そんな要望をお抱えの方々のために
近代科学社 Digital が出版のお手伝いをします！

近代科学社 Digital とは？

ご応募いただいた企画について著者と出版社が協業し、プリントオンデマンド印刷と電子書籍のフォーマットを最大限活用することで出版を実現させていく、次世代の専門書出版スタイルです。

近代科学社 Digital の役割

- **執筆支援** 編集者による原稿内容のチェック、様々なアドバイス
- **制作製造** POD 書籍の印刷・製本、電子書籍データの制作
- **流通販売** ISBN 付番、書店への流通、電子書籍ストアへの配信
- **宣伝販促** 近代科学社ウェブサイトに掲載、読者からの問い合わせ一次窓口

近代科学社 Digital の既刊書籍（下記以外の書籍情報は URL より御覧ください）

詳解 マテリアルズインフォマティクス
著者：船津 公人／井上 貴央／西川大貴
印刷版・電子版価格(税抜)：3200円
発行：2021/8/13

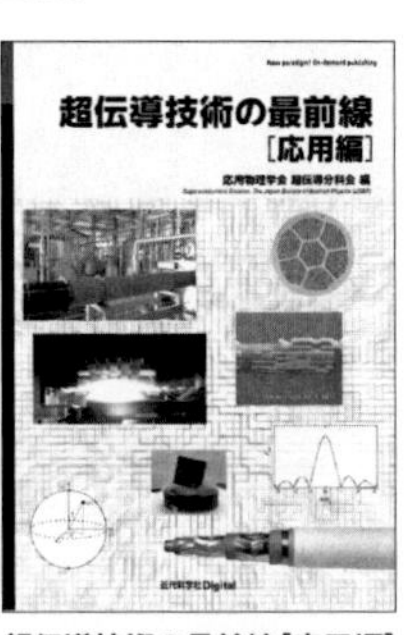

超伝導技術の最前線［応用編］
著者：公益社団法人 応用物理学会
超伝導分科会
印刷版・電子版価格(税抜)：4500円
発行：2021/2/17

AIプロデューサー
著者：山口 高平
印刷版・電子版価格(税抜)：2000円
発行：2022/7/15

詳細・お申込は近代科学社 Digital ウェブサイトへ！
URL: https://www.kindaikagaku.co.jp/kdd/